东北地区大型水库工程维修养护实践
——尼尔基水利枢纽工程维修养护技术规程

松辽水利委员会水利工程建设管理站　编著

中国水利水电出版社
www.waterpub.com.cn
·北京·

图书在版编目（ＣＩＰ）数据

东北地区大型水库工程维修养护实践 ：尼尔基水利
枢纽工程维修养护技术规程 / 松辽水利委员会水利工程
建设管理站编著. -- 北京 ：中国水利水电出版社，
2023.5
ISBN 978-7-5226-1211-9

Ⅰ．①东… Ⅱ．①松… Ⅲ．①水利枢纽－水利工程－
维修－技术规范－东北地区②水利枢纽－水利工程－养护
－技术规范－东北地区 Ⅳ．①TV51-65

中国国家版本馆CIP数据核字(2023)第003062号

书 名	**东北地区大型水库工程维修养护实践** ——尼尔基水利枢纽工程维修养护技术规程 DONGBEI DIQU DAXING SHUIKU GONGCHENG WEIXIU YANGHU SHIJIAN ——NI'ERJI SHUILI SHUNIU GONGCHENG WEIXIU YANGHU JISHU GUICHENG	
作 者	松辽水利委员会水利工程建设管理站　编著	
出版发行	中国水利水电出版社 （北京市海淀区玉渊潭南路 1 号 D 座　　100038） 网址：www. waterpub. com. cn E - mail：sales@ mwr. gov. cn 电话：（010）68545888（营销中心）	
经 售	北京科水图书销售有限公司 电话：（010）68545874、63202643 全国各地新华书店和相关出版物销售网点	
排 版	北京时代澄宇科技有限公司	
印 刷	北京中献拓方科技发展有限公司	
规 格	140mm×203mm　32 开本　8.25 印张　222 千字	
版 次	2023 年 5 月第 1 版　2023 年 5 月第 1 次印刷	
定 价	**58.00 元**	

本书编委会

主　　　　编：朱振家

执 行 主 编：王海军　　赵若雨　　戚　波

副　主　编：林运东　　耿俊永

参加编写人员：彭立前　　刘　勇　　张　鹤　　王晨嘉

　　　　　　　张立伟　　邹丽娜　　张　龙　　罗凯允

　　　　　　　许文瀚　　陈俊玮　　刘志成　　刘长怡

　　　　　　　杨　微

前　言

尼尔基水利枢纽工程（以下简称"尼尔基工程"）是 1994 年国务院批准的《松花江、辽河流域水资源综合开发利用规划》中推荐的一期工程，是国家"十五"计划重点项目，也是国家实施"西部大开发战略"标志性工程之一。尼尔基工程为 I 等工程，工程规模为大（1）型，主要由主坝（沥青混凝土心墙土石坝）、副坝（黏土心墙土石坝）、岸坡式溢洪道、左右岸灌溉洞、河床式电站厂房及附属设施等组成，坝顶高程 221.00m，坝顶总长度为 7265.55m，主坝最大坝高 41.50m，副坝最大坝高 23.00m；溢洪道为岸坡开敞式，堰顶高程 199.80m，共 11 孔，孔宽 12m。工程于 2001 年 6 月导流明渠开工，2001 年 7 月主体工程开工，2004 年 9 月完成大江二期截流；2005 年 9 月枢纽实现下闸蓄水；2006 年 7 月首台机组发电，9 月 4 台机组全部并网发电；2006 年 12 月枢纽工程全部完工。

水利工程维修养护是水利工程管理单位的主要职责，是对水利工程进行日常养护和及时修理，维持、恢复或局部改善原有工程面貌，以保持工程的设计功能，保证工程安全和效益发挥。为进一步加强尼尔基工程维修养护管理，保证维修养护质量，提高维修养护资金使用效率，充分发挥工程综合效益，依据国家有关法律、法规和技术标准，结合尼尔基工程维修养护实际，特制定本规程。通过标准化运行管理，以期提升尼尔基工程高质量管理水平。

作者
2022 年 11 月

目　录

1 总 则

1.0.1 为进一步加强尼尔基水利枢纽工程维修养护管理，保证维修养护质量，提高维修养护资金使用效率，充分发挥工程综合效益，依据国家有关法律、法规和技术标准，结合尼尔基工程维修养护实际，特制定本规程。

1.0.2 本规程所称工程维修养护是指对尼尔基工程主副坝、电站厂房、溢洪道、左岸灌溉管、右岸灌溉洞及场内公路、照明、管理站房及附属设施进行日常与定期的维修和养护，维持、恢复或局部改善工程面貌，保持工程原有的设计功能。其中，维修是指在不改变原有工程型式和结构的前提下，对原有工程进行修复；养护是指为保持工程完整和设施设备正常运行所做的日常保养和维护。金属结构和机电设备等维修养护由发电厂按照行业规程规范执行。

1.0.3 本规程适用于尼尔基水利枢纽工程的维修养护质量管理工作，是规范维修养护行为和实体质量，开展工程维修养护项目验收的重要依据。

1.0.4 维修养护工作应坚持"经常养护，随时维修，养重于修，修重于抢"的基本原则，做到安全可靠、技术先进、注重环保、经济。

1.0.5 尼尔基工程维修养护除应符合本规程规定外，还应符合国家及行业现行有关标准和规定。

1.0.6 本规程主要引用以下标准及有关规定：

    GB/T 23446—2009　喷涂聚脲防水涂料

    GB 50205—2020　钢结构工程施工质量验收规范

    GB 50207—2012　屋面工程质量验收规范

    GB 50300—2013　建筑工程施工质量验收统一标准

GB 50345—2012　屋面工程技术规范

GB 50411—2019　建筑节能工程施工质量验收标准

GB 50661—2011　钢结构焊接规范

SL 105—2007　水工金属结构防腐蚀规范

SL 176—2007　水利水电工程施工质量检验与评定规程

SL 210—2015　土石坝养护修理规程

SL 223—2008　水利水电建设工程验收规程

SL 230—2015　混凝土坝养护修理规程

SL 551—2012　土石坝安全监测技术规范

SL 595—2013　堤防工程养护修理规程

SL 601—2013　混凝土坝安全监测技术规范

SL 631~637—2012　水利水电工程单元工程施工质量验收评定标准

SL 677—2014　水工混凝土施工规范

DL/T 1014—2016　水情自动测报系统运行维护规程

DL/T 5309—2013　水电水利工程水下混凝土施工规范

DL/T 5406—2019　水工建筑物化学灌浆施工规范

JTJ 073.1—2001　公路水泥混凝土路面养护技术规范

JGJ/T 235—2011　建筑外墙防水工程技术规程

JGJ 376—2015　建筑外墙外保温系统修缮标准

水办〔2021〕200 号　水利工程建设项目档案管理规定

2 维修养护管理制度

嫩江尼尔基水利水电有限责任公司水工建筑物维修养护管理办法

第一章 总 则

第一条 为推进尼尔基水利枢纽工程水工建筑物维修养护（以下简称"维修养护"）规范化管理，不断提高工程管理水平，保证工程完整、安全运行，根据国家有关法律法规和水利行业有关规程规范，以及公司项目、合同、采购、安全管理等有关规定，结合实际，制定本办法。

第二条 本办法所指维修养护是指对水利工程进行养护和岁修，维持、恢复或局部改善原有工程面貌，保持工程的设计功能所开展的一系列工作。

第三条 维修养护工作应坚持"经常养护，随时维修，养重于修，修重于抢"的原则。结合枢纽防洪与兴利调度运用，充分考虑施工条件与工期，确保施工安全和工程质量。

第四条 本办法适用于尼尔基枢纽水工建筑物土建工程（含安装类）维修养护项目建设管理。

第五条 维修养护立项与审批程序按照《尼尔基公司项目管理办法》《尼尔基公司项目采购管理暂行规定》有关规定执行；维修养护合同管理按照《尼尔基公司合同管理办法》有关规定执行。

第二章 维修养护范围

第六条 维修养护包括建筑物的日常维修养护、岁修、大修、抢修、功能完善和改扩建工程等。

第七条　具体维修养护范围：

（一）主、副坝工程：坝体、坝顶路面、上下游护坡、防浪墙、下游挡墙、排水系统、上坝阶梯等。

（二）溢洪道工程：引渠段、控制段、泄槽段、消力池段、尾渠段、上下游两岸岸坡、启闭机室、排水泵房及排水系统等。

（三）电站厂房工程：挡水坝段、主厂房、副厂房、进水渠、尾水渠、上下游两岸岸坡、厂前区及变电站等土建项目。

（四）左右岸灌溉管（洞）工程：进出口结构、洞身、闸室、消能工、工作桥等。

（五）场内交通公路：路基、路面、桥涵及排水设施等。

（六）码头工程：码头及停车场等。

（七）其他管理设施：水准观测设施、管理房（含大坝观测楼、各监测站、闸门启闭机室、左右岸灌溉管洞闸门井及排水泵房等）、枢纽管理区围（护）栏、标志牌、防雷设施等。

第三章　参建单位选择

第八条　维修养护项目参建单位的选择按照《尼尔基公司项目采购管理暂行规定》有关要求执行。

第九条　对于影响结构安全的维修项目原则上由工程原设计单位进行设计；施工工艺技术复杂的或有特殊工艺要求的维修项目原则上由工程原设计单位或具有相应资质的设计单位进行设计；其他项目可视情况委托具有相应资质的设计单位进行设计或直接由项目责任部门提出维修养护技术方案。

项目责任部门负责对设计单位的资质条件提出要求，包括法人资格、经营范围、财务状况、资质、业绩、商业信誉等及其他有关要求。设计单位应根据项目需要，派驻设计代表参与项目现场设计工作。

第十条　对需要招标的项目或影响结构安全的或有特殊要求的

维修项目应聘请监理单位承担监理工作；其他项目可视情况决定是否聘请监理单位。若项目不聘请监理单位，由项目责任部门履行监理单位职能。

项目责任部门负责对监理单位的资质条件提出要求，包括法人资格、经营范围、服务质量、资质、业绩、商业信誉等及其他有关要求。

第十一条 项目责任部门应根据实施项目的技术复杂程度、施工工艺和投资概算等情况，择优选择施工单位。

项目责任部门负责对施工单位的资质条件提出要求，包括法人资格、经营范围、财务状况、资质、业绩、商业信誉等及其他有关要求。

第四章 建设管理程序

第十二条 项目责任部门应及时组织设计、监理和施工单位入场，做好项目开工准备工作；项目责任部门应成立项目管理机构，明确机构职能和岗位职责等。

第十三条 项目开工前，各参建单位应熟知合同内容，严格按合同进度计划要求做好以下工作：

（一）监理单位发布"进场通知"，通知施工单位进场。

（二）施工单位接到"进场通知"后，组织人员、设备、材料进场；施工单位填写"合同项目开工申请表"和"开工申请报告"，报监理单位审批。

（三）监理单位审批施工单位各项开工准备工作开展情况，报项目责任部门，项目责任部门组织各参建单位开展技术交底。

（四）监理单位审批有关施工组织设计（或施工技术方案）、施工进度计划、现场组织机构及主要人员（附职业资格证书复印件）、材料/构配件进场报验单、施工设备进场报验单、检验报告及安全文明施工等文件，审批后的文件应报送项目责任部门审定。对于重大建设项目，还应向公司安全和质量监督部门报备施工组织设计、施工安全措施或方案、合同文件、施工单位的营业执照及企业资质证书、项目部组织机构人员资质证书、特殊工种人员资质证书、监理人员资质证书及监理规划等。

（五）监理单位发出《合同项目开工令》，施工单位准备施工。

第十四条 项目责任部门依据 SL 176—2007《水利水电工程施工质量检验与评定规程》组织编制"项目划分表"，开工前确定主要单位工程、主要分部工程及单元工程、重要隐蔽单元工程和关键部位单元工程等，报公司质量监督部门审批。

第十五条 监理单位审批有关阶段工程开工申请（附具体施工方法），主要包括分部工程及关键节点开工申请。

第十六条 项目责任部门或监理单位应适时组织召开工程项目现场协调会议，商讨工程项目建设有关情况，形成会议纪要。

第十七条 当项目内容、工期、工程量等发生变更，施工单位应填写"项目现场签证单"，由监理单位、项目责任部门审核并办理审批手续。

第十八条 当发生不可预见的不利物质条件或影响安全的紧急情况，项目责任部门应及时采取有效措施，并向公司领导汇报。

第十九条 项目责任部门技术人员应在项目管理过程中适时深入施工现场，了解施工进度，及时协调解决现场存在的问题，做好安全、质量监督管理等工作，完成拍照、录像，编写建设管理日志等工作，形成备查资料。项目重要隐蔽单元工程、关键部位单元工程及其他关键节点建设，监理单位和项目责任部门人员应旁站监督。

第二十条 项目责任部门应严格按照合同及有关要求，控制项目进度、质量、成本，做好合同、职业健康安全与环境、信息管理，协调施工单位办理各种证件、场地、临时设施等，确保项目顺利实施。

第二十一条 项目完工后，项目责任部门按照 SL 223—2008《水利水电建设工程验收规程》有关要求编写建设管理报告，整理技术档案资料。

第二十二条 对施工工艺简单的Ⅱ级（10万~100万元建筑及安装类项目）及以下建设项目和日常维修养护项目，项目责任部门可简化建设管理程序，及时组织施工单位进场，办理车辆、设备登记手续和相关施工证件，提供有关技术资料，组织技术交底，配合施工单位协调解决现场相关施工问题，重点对项目建设安全、质量等进行过程管理，对合同结算工程量进行审核。

第五章　安全管理要求

第二十三条 维修养护项目管理应秉承"安全第一、预防为主、综合治理"方针，坚持"从严管理、规范操作、杜绝事故、保障安全"原则。各参建单位应认真贯彻执行国家职业健康安全生产法律法规，各级安全主管部门的有关安全生产规章制度和公司安全生产管理规定。

第二十四条 项目责任部门应督促施工单位明确项目施工的安全责任人，负责全面安全生产管理工作，组织建立安全保障体系，制定安全管理制度和安全保护措施，落实安全责任，检查各岗位的安全措施落实情况。

第二十五条 项目开工前，项目责任部门应组织施工和监理单位召开一次施工安全协调会议，对项目安全生产明确具体要求。项目责任部门与施工单位签订安全生产协议书，明确双方责任。施工单位应对施工人员进行综合性安全技术交底，配备现场安全管理员。特殊工种作业人员必须持证上岗。

第二十六条 项目开工后，项目责任部门和监理单位对施工单位安全准备情况进行检查，配合施工单位开具动火票、施工作业票等。各参建单位应定期联合进行现场安全检查，督促安全隐患整改，切断危险源，坚决杜绝违反安全规定的生产事故发生。

第二十七条 公司安全监督部门应对项目安全管理情况进行监督检查。

第二十八条　项目安全管理其他未尽事宜按照公司相关安全生产管理规定有关要求执行。

第六章　维修养护项目验收

第二十九条　项目责任部门或监理单位应参照 SL 223—2008《水利水电建设工程验收规程》，组织合同工程阶段验收，包括原材料、中间产品的检测报告、单元工程验收、分部工程验收、单位工程验收。合格标准是工程验收标准，不合格工程必须进行处理且达到合格标准后，才能进行验收。

第三十条　项目责任部门或监理单位应对施工单位提交的原材料、中间产品质量检查自评材料（原材料试验报告，沥青混凝土配合比报告，混凝土强度、抗冻性报告，黏土压实干密度、含水量试验报告，钢筋机械性能试验报告，钢筋、止水出厂合格证，商品混凝土出厂检验报告等）进行审查。工程完工后，施工单位应将报告单装订成册，移交项目责任部门作为档案资料备存。

第三十一条　单元（工序）工程施工质量合格标准应按照 SL 632—2012《水利水电工程单元工程施工质量验收评定标准——混凝土工程》或合同约定的合格标准执行。单元（工序）工程质量在施工单位自评合格后，由监理单位复核，项目责任部门核定。

第三十二条　重要隐蔽单元工程及关键部位单元工程经施工单位自评合格后，需经项目责任部门或监理单位抽检，由联合小组（各参建单位组成）共同检查核定其质量等级并填写评定表。

第三十三条　分部、单位工程在施工单位自评合格后，由监理单位复核，项目责任部门审核，公司质量监督部门认定。

第三十四条　项目责任部门负责工程验收资料归档，向公司档案管理部门提交验收资料正、副本及复印件，含施工管理工作报告、质量检查自评材料、单元工程质量评定、分部工程验收资料、施工日志、往来文（函）件、施工照片、建设管理照片、验收文件材料（建设管理报告、备查资料、验收鉴定书）及竣工图纸等。

第三十五条 施工工艺简单的Ⅱ级（10万~100万元建筑及安装类项目）及以下建设项目和日常维修养护项目验收应由项目责任部门组织初步验收，出具"初步验收合格单"后，由施工单位向公司财务部门提交合同完工验收申请，公司财务部门组织合同完工验收，并出具"合同完工验收单"。

第三十六条 合同工程完工验收及竣工验收按照公司有关规定执行。

第七章 维修养护技术资料管理

第三十七条 维修养护技术资料是在维修养护项目实施过程中形成的各种文字、数据、图表、声像、电子文件等形式的原始记录。资料应真实反映项目实施的实际情况，并与项目实施的进度相一致。作为项目验收的重要依据，技术资料验收应与项目验收同步进行，各参建单位应严格按照有关规定，做好技术资料的收集、整理、汇总和移交工作。

第三十八条 项目实施过程中，各参建单位应安排专人负责资料的记录与整编，明确任务、明确分工、明确责任，做到资料记录、收集、整理、分析的及时、完整和准确。

第三十九条 各参建单位对同一事项资料内容要吻合，且应区分主次和侧重，避免交叉记录造成资料之间的矛盾。同一单位不同资料之间也应统一。

第四十条 各参建单位应严格按照规范要求进行资料整理，重点加大声像资料收集、积累和整理力度，确保数据详实准确，签署手续完备，达到档案归档要求。

第四十一条 项目责任部门按照公司档案管理部门对验收技术资料归档要求及时进行整理并存档。

第八章 维修养护项目责任与追究

第四十二条 对维修养护项目管理的各相关职能部门工作职责

按照《尼尔基公司项目管理办法》有关规定执行。

第四十三条 项目责任部门应随时掌握项目各参建单位履约情况，防止项目转包和违法分包。项目责任部门应及时处理各种原因导致的合同变更，并按有关规定报批和备案。

第四十四条 对不执行维修养护招投标制度、合同管理制度、安全质量监督制度、验收制度的部门或个人，对公司相关责任人员给予处理。

第四十五条 对于弄虚作假、虚报工程量、签订虚假合同、授意或放任承包方违反维修养护强制性标准规定、降低工程质量、玩忽职守或其他违法违纪行为，或造成安全事故、质量事故、重大经济损失或不良影响的，对项目责任部门相关人员给予处理；构成犯罪的，依法追究刑事责任。

第九章 附则

第四十六条 维修养护项目建设管理程序参照附录 A；维修养护项目验收表参照附录 B；档案资料归档文件参照附录 C。

第四十七条 本办法由尼尔基水利水电有限责任公司枢纽管理与工程技术处负责解释。

第四十八条 本办法自发布之日起施行。原《水工建筑物维修养护管理办法（试行）》（嫩尼〔2007〕95 号）废止。

附录A 维修养护项目建设管理程序

A.1 进场通知

进 场 通 知

合同名称：××××工程　　　　　　　　　合同编号：NEJYG-JA-××

致：××××公司××××工程项目部

　　根据施工合同约定，现签发××××工程项目进场通知。你方在接到该通知后，应及时调遣人员和施工设备、材料进场，完成各项施工准备工作之后，尽快提交"合同项目开工申请表"。

　　该工程项目开工日期为____年____月____日。

　　为了该项目工程建设的顺利进行，完善双方沟通机制，请贵方进场注意如下事宜：

　　一、应提交的文件资料

　　1. 我公司发给贵单位的项目工程建设施工中标通知书；（若有，下同）

　　2. 贵单位的企业资质证书、营业执照副本、中标通知书复印件；

　　3. 工程建设项目的施工管理组织及施工组织设计（方案）；

　　4. 施工人员需要持证上岗的，应提交相关原件及复印件；

　　5. 项目主要管理人员组织机构、联系方式（以表格形式）。

　　二、所提供的文件资料必须真实有效。

　　三、贵方提供的文件资料，我项目工作人员将根据工作需要，在工程建设过程中抽查核对有关内容。如有不实之处，我方将采取停止相关人员工作、工程停工及劝退施工场地等保证措施。

　　四、资料用A4纸报送。所有文字均使用不易褪色笔亲笔书写、签名。

　　　　　　　　　　监理单位（建设单位）：

　　　　　　　　　　项目负责人：

　　　　　　　　　　日　　期：　　　年　　月　　日

今已收到监理单位（建设单位）签发的进场通知。

　　　　　　　　　　承 包 人：××××公司尼尔基项目部

　　　　　　　　　　签 收 人：

　　　　　　　　　　日　　期：　　　年　　月　　日

说明：本表一式＿＿2＿＿份，由建设单位填写。承包人签收后，承包人、发包人各＿1＿份。

A.2 开工申请表

合同项目开工申请表

合同名称：××××工程　　　　　　　　　　合同编号：NEJYG-JA-××

致：监理单位（建设单位） 　　我方承担的××××合同项目工程，已完成了各项准备工作，具备开工条件，现申请开工，请贵方审批。 　　附件：1. 开工申请报告。 　　　　　2.…… 　　　　　3.……   　　　　　　　　　　　　　　承 包 人：××××公司××××项目部 　　　　　　　　　　　　　　项目经理： 　　　　　　　　　　　　　　日　　期：　　　年　　月　　日
审批后另行签发合同项目开工令。   　　　　　　　　　　　　　　监理单位（建设单位）： 　　　　　　　　　　　　　　项目负责人： 　　　　　　　　　　　　　　日　　期：　　　年　　月　　日

说明：本表一式　2　份，由承包人填写。建设单位审签后，承包人、发包人各　1　份。

×××工程

开 工 申 请 报 告

××××公司

××××年××月××日

致：监理单位（建设单位）

　　××××工程由我单位××××公司中标承建，我单位接到中标通知书后组织人员于＿＿年＿＿月＿＿日进入尼尔基水利枢纽，人员、机械和物资已进场满足施工要求。

　　人员、机械数量详见附表。

　　现申请××××工程开工，请贵公司批准！

××××公司

××××工程项目部

年　　月　　日

附表　进场人员与机械量表

序号	人员、机械	单位	型号	数量	备注
1					
2					
3					
4					
5					
6					
7					
8					
9					
10					
11					
12					
13					
14					
15					
16					
17					
18					

A.3 合同项目开工令

合同项目开工令

合同名称：××××工程　　　　　　　　　　　　　合同编号：××××

致：××××公司××××项目部　你方＿＿＿年＿＿＿月＿＿＿日报送的××××工程项目开工申请已经通过审核。你方可从即日起，按施工计划安排开工。　本开工令确定此合同的实际开工日期为＿＿＿年＿＿＿月＿＿＿日。   　　　　　　　　　　　　监理单位（建设单位）： 　　　　　　　　　　　　项目负责人： 　　　　　　　　　　　　日　　期：　　　年　　月　　日
今已收到合同项目的开工令。 　　　　　　　　　　　　承 包 人：××××公司尼尔基项目部 　　　　　　　　　　　　项目经理： 　　　　　　　　　　　　日　　期：　　　年　　月　　日

说明：本表一式＿2＿份，由建设单位填写。承包人签收后，承包人、发包人各＿1＿份。

16

A.4 申报表及批复

××××申报表

合同名称：××××工程 合同编号：NEJYG-JA-××

致：监理单位（建设单位） 我方今提交××××工程（名称及编号）的： □施工组织设计 □施工进度计划 □工程测量施测计划和方案 □工程放样计划 □其他 请贵方审批。 附件：1.…… 　　　2.…… 　　　3.……   　　　　　　　　　　承 包 人：××××公司尼尔基项目部 　　　　　　　　　　项目经理： 　　　　　　　　　　日　　期：　　年　　月　　日
监理单位（建设单位）将另行签发审批意见。   　　　　　　　　　　监理单位（建设单位）： 　　　　　　　　　　项目负责人： 　　　　　　　　　　日　　期：　　年　　月　　日

说明：本表一式 __2__ 份，由承包人填写。建设单位审签后，随同审批意见，承包人、发包人各 __1__ 份。

批　复　表

合同名称：××××工程　　　　　　　　　　　　　　　合同编号：××××

致：××××公司尼尔基项目部
　　你方于＿＿＿＿年＿＿月＿＿日申报的××××经我方审核，批复意见如下：
　　同意该××××。希望你方在施工中能够按照规范要求，落实好各阶段、各环节的施工，按照工程项目划分合理有序完成施工任务。

　　　　　　　　　　　　　　　　　　监理单位（建设单位）：
　　　　　　　　　　　　　　　　　　项目负责人：
　　　　　　　　　　　　　　　　　　日　　期：　　　年　　　月　　　日

　　　　　　　　　　　　　　　　　　承　包　人：××××公司尼尔基项目部
　　　　　　　　　　　　　　　　　　项目经理：
　　　　　　　　　　　　　　　　　　日　　期：　　　年　　　月　　　日

说明：本表一式__2__份，由建设单位填写。承包人、发包人各__1__份。

18

A.5 安全生产管理协议书

<u>××××</u>项目

安全生产管理协议书

甲　　方：

乙　　方：

签订地点：

签订日期：

甲方：_____

乙方：_____

甲乙双方为了全面履行_____合同，明确双方在合同履行过程中的安全责任，保护有关人员的人身安全，防止安全事故发生，依据《中华人民共和国安全生产法》《中华人民共和国劳动法》等有关法律法规的规定，达成以下一致意见。

一、甲方安全责任

（一）检查乙方安全生产保证体系和规章制度，对乙方安全生产实施监督管理。主要监督乙方工作中涉及安全内容的安全操作、管理方案、安全技术措施等。

（二）向乙方提供良好的、确保生产安全的劳动作业环境。

（三）监督乙方对自带机具、设备、安全防护用品等进行技术指标、安全性能检验，合格后方可进入施工现场，并监督乙方正确安装、使用和拆除。

（四）对乙方作业工序、操作岗位的安全操作进行日常监督检查，纠正违章指挥和违章作业。

（五）监督乙方对工作现场的各种安全设施和劳动保护用品定期检查，及时消除隐患，保证其安全有效。

（六）发生伤亡事故按规定立即报甲方及属地安全生产监督部门。

二、乙方安全责任

（一）按照相关安全生产法规要求，配备合格安全管理人员。

（二）向甲方申报自带的劳动保护用品及机具、设备，经验收合格后方可使用，禁止任何人私自拆除安全防护设备或设施。

（三）特种作业人员进场前须向甲方提交相关特种作业资质证明（复印件盖乙方红章），无证明不得进入甲方现场。

（四）教育乙方职工遵章守纪，不违章指挥和违章操作。工作中如因乙方工作人员违章指挥、违章作业、违反安全纪律、违反安全技术操作规程而发生伤亡事故及财产损失的，由乙方承担全部责任。

（五）存储、使用易燃易爆器材、物品时，应当采取有效的消防安全措施。

（六）乙方必须严格遵守国家及乙方注册地、本合同履行地的有关劳动法律法规政策的规定，保证合法用工。

（七）乙方要在工作中采取必须的一切安全防护措施以保障乙方员工的劳动安全。

（八）乙方必须保证所提供的全部资料和信息是真实可靠的，如果乙方提供虚假信息和资料，甲方有权单方解除合同，并要求乙方赔偿因此使甲方遭受的实际损失。

（九）乙方在履行合同过程中，给甲方或第三方造成人身或财产损失的，由乙方承担全部的赔偿责任。

（十）因乙方员工工资、社会保险等纠纷导致乙方不能按约定履行本合同，影响甲方正常经营管理，甲方有权解除本合同，并要求乙方赔偿因此使甲方遭受的实际损失。

（十一）乙方不得违法转包合同业务，不得将合同的权利义务部分或全部转让给第三方。

（十二）乙方安全生产具体注意事项：

1. 用电

（1）乙方设备机具需要用电时，必须自带配备有漏电保护开关的拖把线作为引接电源线。

（2）操作前乙方专人测试漏电开关是否正常工作，测试正常后方可作业。

（3）操作时，必须不少于2人时方可进行，作业人员必须做好绝缘防护措施，如戴绝缘手套、穿绝缘鞋等。

（4）乙方用电操作现场必须在醒目位置放置1块以上的"有电危险，请勿靠近！"提示牌或类似警示牌。

2. 高空作业

（1）从业人员必须持有效上岗证（包括特殊作业人员操作上

岗证）方可上岗进行作业。

（2）乙方根据约定时间作业，提前做好现场安全提示工作，并由专人负责现场安全检查。

（3）乙方人员必须做好安全防护措施，并保证安全防护措施正确有效。

3. 临水作业

（1）凡从事临水作业的人员，必须由主管人员在上岗前进行临水作业安全知识教育，严格遵守操作规程。

（2）临水作业人员不准穿拖鞋、高跟鞋及其他容易滑跌的鞋子。

（3）不准在栏杆、揽桩和无栏杆的边缘、顶棚及缆绳活动范围内坐、卧。

（4）临水作业必须穿戴救生衣和安全防护用品。

（5）恶劣天气应禁止临水作业。

三、双方共同安全责任

（一）甲乙双方共同遵守国家有关安全生产的法律、法规和规定，认真执行国家、行业、公司安全生产规章制度。

（二）坚持"安全第一、预防为主"的安全生产方针，不得违章指挥和违章作业。在开展工作、从事生产时应当先落实安全保护措施，防止事故发生。

（三）抓好安全教育，严肃劳动纪律，规范安全行为，净化作业环境。

（四）发生事故立即采取措施抢救伤员，防止事故扩大，保护好现场，并应分别及时报告上级主管部门组织事故调查小组，查清事故原因，确定事故责任，按照"四不放过"（原因未查明不放过、责任人未处理不放过、有关人员未受到教育不放过、整改措施未落实不放过）的原则拟定改进措施，提出对事故责任者的处理意见。

本协议一式四份，甲方执两份，乙方执两份，具有同等法律效力，自双方签字盖章之日起生效。

甲方代表签字：　　　　　　　　乙方代表签字：

　　　（盖章）　　　　　　　　　　（盖章）

　　年　　月　　日　　　　　　年　　月　　日

A.6 项目划分报审表

工程项目划分报审表

合同名称：××××工程　　　　　　　　　　合同编号：NEJYG-JA-××

致：监理单位（建设单位）

　　根据 SL 176—2007《水利水电工程施工质量检验与评定规程》，结合工程合同建设内容及设计图纸，经与相关单位研究，建议该工程项目划分为＿＿＿个单位工程，＿＿＿个分部工程，＿＿＿个单元工程，请审定。

　　附件：1. 工程项目划分表。

　　　　　2. 工程项目编码表。（略）

　　　　　3. ……

　　　　　　　　　　　　　承 包 人：××××公司尼尔基项目部

　　　　　　　　　　　　　项目经理：

　　　　　　　　　　　　　日　　期：　　　年　　月　　日

说明：本表一式　2　份，由承包人填写。建设单位审签后，随同审批意见，承包人、发包人各　1　份。

××××工程

项目划分表

××××公司尼尔基水利枢纽工程项目部

_____年____月____日

划 分 说 明

1　划分依据

1.1　设计图纸。

1.2　SL 176—2007《水利水电工程施工质量检验与评定规程》。

1.3　SL 632—2012《水利水电工程单元工程施工质量验收评定标准——混凝土工程》

2　划分程序

由项目法人组织参建单位划分，工程施工过程中，若发生设计变更、施工部署的重新调整等，需要对本项目划分进行调整。

3　划分原则

3.1　单位工程划分

按合同工程项目划分。

3.2　分部工程划分

按工程结构物功能划分。

3.3　单元工程划分

依据《水利水电工程施工质量检验与评定规程》（SL 176—2007），根据工程结构、施工部署或质量考核要求，按施工缝、浇筑仓及铺设层、段等进行划分。

4　划分结果

本工程共划分____个单位工程，____个分部工程，____个单元工程。其中××××工程为主要分部工程；重要隐蔽单元工程为××××；关键部位单元工程为××××。

工程项目划分

合同名称：××××工程　　　　　　　　　　合同编号：NEJYG-JA-××

序号	单位工程名称	序号	分部工程名称	序号	单元工程名称	单元工程划分原则	质量标准及控制要求

批 复 表

合同名称：××××工程　　　　　　　　　　　合同编号：NEJYG-JA-××

致：××××公司尼尔基项目部

　　你方于＿＿＿＿年＿＿月＿＿日申报的××××工程项目划分表经我方（建设单位）审核，批复意见如下：

　　同意该××××工程项目划分表。希望你方在施工中能够按照该项目划分，把控重点环节，合理有序完成施工任务。

　　　　　　　　　　　　　　　　　　　　监理单位（建设单位）：

　　　　　　　　　　　　　　　　　　　　项目负责人：

　　　　　　　　　　　　　　　　　　　　日　　　期：　　年　　月　　日

说明：本表一式　2　份，由建设单位填写。承包人、建设单位各　1　份。

A.7 分部工程开工申请表

分部工程开工申请表

合同名称：××××工程　　　　　　　　　　合同编号：NEJYG-JA-××

致：监理单位（建设单位） 本分部工程已具备开工条件，施工准备工作已就绪，请贵方审批。				
申请开工分部 工程名称		××××分部工程		
申请开工日期		＿＿年＿＿月＿＿日	计划工期	＿＿＿＿年＿＿月＿＿日 ＿＿＿＿年＿＿月＿＿日
承包人施工准备工作自检记录	序号	检查内容		检查结果
	1	施工图纸、技术标准、施工技术交底情况		已完成
	2	主要施工设备到位情况		已到位
	3	施工安全和质量保证措施落实情况		已落实
	4	材料构配件及检验情况		检验合格
	5	现场施工人员安排情况		已就绪
	6	辅助生产设施准备情况		已完毕
	7	现场平地、交通、临时设施准备情况		已完成
附件： □分部工程进度计划 □分部工程施工方法 　　　　　　　承 包 人：××××公司 　　　　　　　项目经理： 　　　　　　　日　　期：　　年　　月　　日				
开工申请通过审批后另行签发开工通知。 　　　　　　　监理单位（建设单位）： 　　　　　　　项目负责人 　　　　　　　日　　期：　　年　　月　　日				

说明：本表一式 2 份，由承包人填写。建设单位审签后，随同"分部工程开工通知"，承包人、发包人各 1 份。

分部工程开工通知

合同名称：××××工程   合同编号：××××

致：××××公司尼尔基项目部

　　你方于_____年____月____日报送的××××分部工程（编码为××××）开工申请表，已经通过审核。此开工通知确定该分部工程的开工日期为_____年____月____日。

监理单位（建设单位）：

项目负责人：

日　　　期：　　　年　　　月　　　日

今已收到××××分部工程（编码为××××）的开工通知。

承　包　人：××××公司尼尔基项目部

项目经理：

日　　　期：　　　年　　　月　　　日

说明：本表一式__2__份，由建设单位填写。承包人、发包人各__1__份。

30

A.8 工程量确认单

嫩江尼尔基水利水电有限责任公司

××××项目

工程量确认单

合同编号		合同名称	
承包商			
开工日期		工程量确认时间	
合同工程量		实际完成工程量	
工程量概述			
工程量确认结果			
监理单位（建设单位）（签字）	工程量测量： 工程量计算：	工程量复核：	
××××公司（签字）			
监理单位（建设单位）（盖章）		××××公司（盖章）	

A.9 项目现场签证单

项目现场签证单

编号：××××

项目名称		项目编号	
合同名称		合同编号	

至：监理单位（建设单位）

　　根据你方＿＿＿＿年＿＿月＿＿日的指令（或监理人的书面通知），我方已完成此项工作，现请对完成情况予以审核。

　　1. 签证事由及原因：

　　2. 签证暂定金额：

　　3. 附图及计算式：（可附页）

承包单位或项目部（盖章）

承包单位项目负责人：
年　　月　　日

审核意见	审核意见： 监理工程师：　　　　　　　　　　监理单位或监理项目部（盖章） <div align="center">年　　月　　日</div>
	审核意见： 监理工程师：　　　　　　　　　　建设单位项目责任部分（盖章） <div align="center">年　　月　　日</div>

注　1. 项目现场签证原则上应根据项目实际情况一事一签证。

　　2. 单项签证金额在 10 万元以上的，须经专业造价人员审核造价。

　　3. 本签证单一式 4 份。

A.10 项目实施变更审批表

项目实施变更审批表

	嫩江尼尔基水利水电有限责任公司 项目实施变更审批表		
项目名称			
项目类型	建筑及安装工程类□ 设备及物资采购类□	技术咨询服务类□ 其他类□	
项目级别	Ⅰ级□	Ⅱ级□	Ⅲ级□
项目责任部门		原项目合同金额	
设计单位			
监理单位			
承包单位			

项目变更情况：（可加附件）

1. 变更缘由：

2. 变更内容：

3. 变更金额：

4. 附件：

（1）《项目变更情况说明》（所涉事项较多，情况较复杂的项目变更）。

（2）《项目变更费用计算表》或《项目变更预算书》。

（3）设计变更应附设计单位签发的设计变更确认文件，现场签证应附现场签证确认文件。

经办人：　　　　　年　月　日

部门意见	项目责任部门	部门负责人：　　（签字）	年　月　日		
	规划部门	部门负责人：　　（签字）	年　月　日		
	财务部门	部门负责人：　　（签字）	年　月　日		
	审计部门	部门负责人：　　（签字）	年　月　日		

		嫩江尼尔基水利水电有限责任公司 项目实施变更审批表				
公司领导意见	分管项目责任部门公司领导	（签字）		年	月	日
	分管财务部门公司领导	（签字）		年	月	日
	总经理审核	（签字）		年	月	日
审批意见	总经理办公会审议情况	1. 会议时间： 2. 会议地点： 3. 参会人员： 4. 主要结论： 　　　　总经理：　（签字）		年	月	日
	审批	董事长：　（签字）		年	月	日

注 1. 涉及动用合同暂列金或项目预备金的项目变更，由分管项目责任部门公司领导审批。

2. 项目变更超合同金额部分：变更价款在1万元以下的，由分管项目责任部门公司领导和分管财务部门公司领导审核同意；变更价款在1万（含）~10万元的，经总经理审核后，由董事长审批；变更价款在10万元（含）以上的，经总经理审核，公司总经理办公会审议后，由董事长审批。

3. 建筑及安装类项目变更价款在100万元（含）以上、技术咨询服务类项目变更价款在50万元（含）以上的，须经公司规划部门审核。

A.11 现场工作会议纪要

工程施工现场工作协调会会议纪要

会议名称	××××	主持人	
时　间	20___年___月___日上午___	地　点	
参加人	尼尔基公司： ××××公司：		

会议纪要

　　本次会议针对×××提出×××等问题，经与会人员充分讨论与研究形成意见，纪要如下：

　　一、××方面：

　　1.……

　　2.……

　　3.……

　　4.……

　　二、××方面：

　　1.……

　　2.……

　　3.……

　　4.……

会议签到表

会议名称			
主 持 人		地　点	
会议时间	20___年___月___日		
嫩江尼尔基水利水电有限责任公司			
××××公司			

A.12　建设管理日志

建 设 管 理 日 志

工程名称：<u>××××工程</u>

建设单位：<u>尼尔基水利水电有限责任公司</u>

施工单位：<u>××××公司</u>

枢纽管理与工程技术处

<u>　　　　　</u>年<u>　　</u>月<u>　　</u>日至<u>　　　　　</u>年<u>　　</u>月<u>　　</u>日

工程建设现场管理人员工作要求

为保证工程项目的质量、进度和安全，确保各项工作符合规定，要求如下：

1. 现场施工管理人员要严把工程质量关和进度关，做好现场施工记录，及时向我方管理人员汇报工程进展情况。

2. 在工程量确认时必须有我方现场管理人员与施工现场负责人在场同时确认，有重大变动需请示本工程负责人同意后方可计量，未经同意不得计量，违者后果自负。

3. 督促检查施工单位人员到场情况，负责检查施工单位质检材料、监督施工质量、核算工程量等工作。

4. 现场管理人员要求施工单位严格按照施工合同及图纸进行施工，不得随意改变工程建设内容，控制好工程进度。

5. 现场工作人员要加强安全隐患排查，对存在的问题及时按要求整改。

填表说明：1. 本表要求从工程项目开工填写至工程项目竣工验收。

2. 本表由建设单位枢纽管理与工程技术处专人填写。

嫩江尼尔基水利水电有限责任公司

枢纽管理与工程技术处

工程建设管理日志

日期： 天气： 气温： 水库水位：

工程名称	××××工程		
施工单位现场负责人		工人人数	
主要施工机械设备及材料进场情况			
主要施工内容			
施工问题及处理情况			
项目负责人		记录人	

附录 B 维修养护项目验收表

B.1 施工质量报验单、开仓报审表及评定表

单元工程施工质量报验单

合同名称：××××工程   合同编号：NEJYG-JA-××

致：监理单位（建设单位）
 	
_____单元工程（及编码）已按合同要求完成施工，经自检合格，报请贵方核验。
 	
    附：_____单元工程质量评定表。
 	
           承 包 人：××××公司
           签 收 人：
           日   期：   年   月   日

（核验意见）
 	
           监理单位（建设单位）：
           项目负责人：
           日   期：   年   月   日

说明：本表一式__2__份，由承包人填写。建设单位审签后，承包人、发包人各__1__份。

混凝土浇筑开仓报审表

合同名称：××××工程　　　　　　　　　　合同编号：NEJYG-JA-××

致：监理单位（建设单位）		
我方下述工程混凝土浇筑准备工作已就绪，请贵方审批。		

单位工程名称		分部工程名称	
单元工程名称		单元工程编码	

	主要工序	具备情况
申报意见	备料情况	
	基面清理	
	钢筋绑扎	
	模板支立	
	细部结构	
	混凝土系统准备	
	附：自检资料	

承　包　人：××××公司

签　收　人：

日　　期：　　　年　　月　　日

（审批意见）

监理单位（建设单位）：

项目负责人：

日　　期：　　　年　　月　　日

说明：本表一式　2　份，由承包人填写。建设单位审签后，承包人、发包人各　1　份。

41

××××工程
混凝土单元工程质量评定表

单位工程名称		单元工程量	混凝土：＿＿ m³
分部工程名称		施工单位	
单元工程名称、部位		检验日期	＿＿＿＿年＿＿月＿＿日

项次	工序名称	工序质量等级
1	基础面或混凝土施工缝处理	
2	模板	
3	△钢筋	
4	止水、伸缩缝安装排水管安装	
5	△混凝土浇筑	

评定意见	单元工程质量等级
工序质量全部合格，主要工序——钢筋、混凝土浇筑两个工序质量＿＿＿＿＿，工序质量优良率＿＿＿＿＿％	
施工单位　　　　　　　　　年　月　日	监理（建设）单位　　　　　　　年　月　日

注　单元工程质量评定表中主要工序统一用"△"标注。

××××工程
基础面或混凝土施工缝处理工序质量评定表

单位工程名称		单元工程量	混凝土：____m³ 基础面：____m²
分部工程名称		施工单位	
单元工程名称、部位		检验日期	___年___月___日

项次	检查项目	质量标准	检验记录
1	基础岩面		
（1）	△建基面	无松动岩块	
（2）	△地表水和地下水	妥善引排或封堵	
（3）	岩面清洗	清洗洁净，无积水，无积渣杂物	
2	混凝土施工缝		
（1）	△表面处理	无乳皮、成毛面	
（2）	混凝土表面清洗	清洗洁净，无积水，无积渣杂物	
3	软基面		
（1）	△建基面	预留保护层已挖除，地质符合设计要求	
（2）	垫层铺填	符合设计要求	
（3）	基础面清理	无乱石、杂物，坑洞分层回填夯实	

评定意见		工序质量等级	
主要检查项目（符合）质量标准，一般检查项目（符合）质量标准			

施工单位	初检： 复检： 终检： 年　　月　　日	监理（建设）单位	 年　　月　　日

43

××××工程
混凝土模板工序质量评定表

单位工程名称		单元工程量	混凝土：___m³
分部工程名称		施工单位	
单元工程名称、部位		检验日期	___年___月___日

项次	检查项目	质量标准		检验记录
1	△ 稳定性、刚度和强度	符合设计要求		
2	模板表面	光洁、无污物、接缝严密		

项次	检测项目	设计值	允许偏差/mm			实测值	合格数/点	合格率/%
			外露表面		隐蔽内面			
			钢模	木模				
1	模板平整度；相邻两板面高差		2	3	5			
2	局部不平（用 2m 直尺检查）		2	5	10			
3	板面缝隙		1	2	2			
4	结构物边线与设计边线		10	15				
5	结构物水平断面内部尺寸		±20					
6	承重模板标高		±5					
7	预留孔、洞尺寸及位置		±10					

检测结果	共检测＿＿点，其中合格＿＿点，合格率＿＿%			
	评定意见		工序质量等级	
	主要检查项目（符合）质量标准，一般检查项目＿＿质量标准。检测项目合格率＿＿%			
施工单位	初检：	年　月　日	建监理（建设）单位	
	复检：	年　月　日		
	终检：	年　月　日		

××××工程
混凝土钢筋工序质量评定记录

单位工程名称		单元工程量	混凝土：____ m³
分部工程名称		施工单位	
单元工程名称、部位		检验日期	____年___月___日

项次	检查项目		质量标准	检验记录		
1	△钢筋的数量、规格尺寸、安装位置		符合设计图纸			
2	焊缝表面和焊缝中		不允许有裂缝			
3	△脱焊点和漏焊点		无			

项次	检测项目		设计值	允许偏差/mm	实测值	合格数/点	合格率/%
1	△绑扎	缺扣、松扣		≤20%且不集中			
		弯钩朝向正确		符合设计图纸			
		搭接长度		$-0.05d$			
2	钢筋长度方向的偏差			±1/2 净保护层厚			
3	同一排受力钢筋间距的局部偏差			±0.1 间距			
4	同一排中分布钢筋间距的局部偏差			±0.1 间距			
5	双排钢筋，其排距与间距的局部偏差			±0.1 间距			
6	保护层厚度的局部偏差			±1/4 净保护层厚			

检测结果	共检测___点，其中合格___点，合格率___%

评定意见	工序质量等级
主要检查项目（符合）质量标准，一般检查项目___质量标准。检测项目实测点合格率___%	

施工单位	初检：	年 月 日	建监理（建设）单位	年 月 日
	复检：	年 月 日		
	终检：	年 月 日		

46

××××工程

混凝土止水、伸缩缝和排水管安装工序质量评定表

单位工程名称			单元工程量	混凝土. ____ m³
分部工程名称			施工单位	
单元工程名称、部位			检验日期	____年____月____日

项次	检查项目		质量标准	检验记录
1	伸缩缝制作和安装	涂敷沥青料	混凝土表面洁净干燥，涂刷均匀平整，与混凝土粘接紧密，无气泡及隆起现象	
2		粘贴沥青油毛毡	伸缩缝表面洁净干燥，蜂窝麻面已处理并填平，外露施工铁件割除，铺设厚度均匀平整，搭接紧密	
3		铺设预制油毡板	混凝土表面清洁，蜂窝麻面已处理并填平，外露施工铁件割除，铺设厚度均匀平整，牢固，相邻块安装紧密平整无缝	
4		△沥青井、柱安装	电热原件及绝缘材料置放准确牢固，不短路，沥青填塞密实，安装位置准确，稳固，上下层衔接好	

项次	检测项目		设计值	允许偏差/mm	实测值	合格数/点	合格率/%
1	金属、塑料、橡胶止水	金属止水的几何尺寸 宽		±5			
		高（牛鼻子）		±2			
		长		±20			
2		△金属止水片的搭接长度		≥20（双面氧焊）			
3		安装偏差 大体积混凝土		±30			
		细部结构		20			
4		△插入基岩部分		符合设计要求			

47

项次	检测项目			设计值	允许偏差/mm	实测值	合格数/点	合格率/%
1	坝体排水管安装	拔管排水管	平面位置		≤100			
2			倾斜度		≤4%			
		多孔性	平面位置		≤100			
3			倾斜度		≤4%			
4		△排水管通畅性			通畅			
检测结果				共检测___点,其中合格___点,合格率___%				
评定意见					工序质量等级			
主要检查项目(符合)质量标准,一般检查项目___质量标准。检测项目实测点合格率___%								

施工单位	初检:	年 月 日	建监理(建设)单位	年 月 日
	复检:	年 月 日		
	终检:	年 月 日		

××××工程
混凝土浇筑工序质量评定表

单位工程名称			单元工程量	混凝十：____m³	
分部工程名称			施工单位		
单元工程名称、部位			检验日期	____年___月___日	

项次	检查项目	质量标准		检验记录
		优良	合格	
1	砂浆铺筑	厚度不大于3cm，均匀平整无漏铺	厚度不大于3cm，局部稍差	
2	△入仓混凝土料	无不合格料入仓	少量不合格料入仓，经处理尚能基本满足设计要求	
3	△平仓分层	厚度不大于50cm，铺设均匀，分层清楚，无骨料集中现象	局部稍差	
4	△混凝土振捣	垂直插入下层5cm，有次序，无漏振	无架空和漏振	
5	△铺料间歇时间	符合要求，无初凝现象	上游15m内无初凝现象	
6	积水和秘水	无外部水排入，泌水排除及时	无外部水流入，有少量泌水排除不够及时	
7	插筋、管路等埋设件保护	保护好，符合要求	有少量位移，但不影响使用	
8	混凝土养护	混凝土表面保持湿润，无时干时湿现象	混凝土表面保持湿润，但局部短时间有时干时湿现象	

项次	检查项目	质量标准		检验记录
		优良	合格	
9	△有表面平整要求的部位	符合设计规定	局部稍超出规定，但累计面积不超过5%	
10	麻面	无	少量麻面，但累计面积不超过5%	
11	蜂窝狗洞	无	轻微少量不连续单个面积不超过0.1m³，深度不超过骨料最大粒径的1.1倍	
12	△露筋	无	无主筋外露，箍筋、副筋个别外露，已按要求处理	
13	碰损掉角	无	重要部位不允许，其他部位轻微少量，已按要求处理	
14	表面裂缝	无	有短小不跨层的裂缝，已按要求处理	
15	△深层及贯穿裂缝	无	无	

评定意见				工序质量等级
主要检查项目（符合）质量标准，一般检查项目（符合）质量标准				

施工单位	初检：	年 月 日	建监理（建设）单位	
	复检：	年 月 日		
	终检：	年 月 日		

B.2 隐蔽工程质量评定

××××工程

（隐蔽工程）处理工序质量评定表

单位工程名称			单元工程量			
分部工程名称			施工单位			
单元工程名称、部位			检验日期	___年___月___日		
项次	保证项目	质量标准	检验记录			
1	防渗体填筑前	基础处理已验收合格				
2	防渗铺盖、均质坝地基	按规定、设计要求处理				
3	上、下层铺土之间的接合层面	禁止撒入砂砾、杂物以及车辆在层面上重复碾压				
项次	基本项目	质量标准		检验记录	质量等级	
		优良	合格		优良	合格
1	与土质防渗体接合的岩面以及混凝土面处理	岩石、混凝土表面清理干净，回填面湿润，无局部积水。浆液均匀稠度一致，涂刷均匀，无空白，回填及时，无风干现象	岩石、混凝土表面的浮渣、污物、泥土、乳皮、粉尘、油毡等清除干净；渗水排干。接触岩面、混凝土面上保持湿润，涂刷水泥砂浆，回填及时，无风干现象			

51

项次	基本项目	质量标准		检验记录	质量等级	
		优良	合格		优良	合格
2	上下层铺土之间的结合层面处理	表面松土、砂砾及其杂物彻底清除，湿润均匀，无积水、无空白，刨毛深度、密度符合设计，无团块，无空白	表面松土、砂砾及其他杂物清除干净，保持湿润，根据需要刨毛，且深度、密度符合要求			

评定意见			工序质量等级	
保证项目（符合）质量标准，基本项目全部（符合）质量标准				

质量监督单位	年 月 日	监理（建设）单位	年 月 日	施工单位	初检： 年 月 日
					复检： 年 月 日
					终检： 年 月 日

B.3 分部工程验收

验收申请报告

合同名称：××××工程   合同编号：NEJYG-JA-××

致：监理单位（建设单位）		
××××分部工程项目已经按计划于＿＿年＿＿月＿＿日基本完工，零星未完工程及缺陷修复拟按申报计划实施，验收文件也已准备就绪，现申请验收。		
□合同项目完工验收 □阶段验收 □单位工程验收 □分部工程验收	验收工程名称、编码 ××××分部	申请验收时间 ＿＿年＿＿月＿＿日
附件：质量评定资料 承 包 人：××××公司 项目经理： 日　　期：　　年　　月　　日		
项目法人审核意见： 监理单位（建设单位）： 签 收 人： 日　　期：　　年　　月　　日		

说明：本表一式＿2＿份，由承包人填写。建设单位审签后，随同审核意见，承包人、发包人各＿1＿份。

××××分部工程验收申请报告

一、验收范围

此分部工程包括：_____，共____个单元工程。

二、工程验收条件的检查结果

此分部工程自____年____月____日施工，____年____月____日已全部按照批准的设计规模内容施工完成，工程资料齐备，符合归档要求，工程达到设计要求，经检查后满足分部工程质量验收条件，现申请分部工程验收。

三、建议验收时间

由于工程已全部完成，现建议于____年____月____日进行分部工程验收。

水利水电工程分部工程施工质量评定表

单位工程名称			施工单位			
分部工程名称			施工日期			
分部工程量			评定日期			
项次	单元工程种类	工程量	单元工程个数	合格个数	其中优良个数	备 注
1						
2						
3						
4						
合计						
重要隐蔽（关键部位）单元工程						

施工单位自评意见	监理单位复核意见
本分部工程的单元工程质量全部合格。优良率为___%，主要单元工程、重要隐蔽单元工程及关键部位单元工程___，质量___，施工中___发生过___质量事故。原材料质量___，金属结构及启闭机质量___，机电产品质量___，中间产品___。 分部工程质量等级： 质检部门评定人： 项目经理或经理代表：（公章） 年 月 日	复核意见： 分部工程质量等级： 监理工程师： 年 月 日 总监理工程师：（公章） 年 月 日

工程质量监督机构	核定意见： 核定人： 　　　　年　月　日	核定等级： 项目监督负责人： 　　　年　月　日

注 分部工程验收的质量结论，由项目法人报工程质量监督结构核备。大型枢纽工程主要建筑物的分部工程验收的质量结论，由项目法人报工程质量监督结构核定。

B.4　单位工程验收

验收申请报告

合同名称：××××工程　　　　　　　　　　　　合同编号：NEJYG-JA-××

致：监理单位（建设单位）		
××××分部工程项目已经按计划于___年___月___日基本完工，零星未完工程及缺陷修复拟按申报计划实施，验收文件已准备就绪，现申请验收。		
□合同项目完工验收 □阶段验收 □单位工程验收 □分部工程验收	验收工程名称、编码 ××××分部	申请验收时间 ___年___月___日
附件：质量评定资料 承 包 人：××××公司 项目经理： 日　　期：　　　年　　月　　日		
项目法人审核意见： 监理单位（建设单位）： 签 收 人： 日　　期：　　　年　　月　　日		

说明：本表一式　2　份，由承包人填写。建设单位审签后，随同审核意见，承包人、发包人各　1　份。

××××工程验收申请报告

一、验收范围

此单位工程包括：_____，共____个分部工程。

二、工程验收条件的检查结果

此单位工程自____年____月____日施工，____年____月____日已全部按照批准的设计规模内容施工完成，并于____年____月____日通过了分部工程验收，工程资料齐备，符合归档要求，工程达到设计要求，经检查后满足工程质量验收条件，现申请单位工程验收。

三、建议验收时间

由于工程已全部完成，现建议于____年____月____日进行单位工程验收。

xxxx工程
单位工程施工质量评定表

工程项目名称	xxxx工程	施工单位	xxxx公司	
单位工程名称	xxxx工程	施工日期	自___年___月___日 至___年___月___日	
单位工程量		评定日期	___年___月___日	

序号	分部工程名称	质量等级		序号	分部工程名称	质量等级	
		合格	优良			合格	优良
1			√	4			√
2			√	5			√
3			√	6			√

分部工程共___个，全部合格，其中优良___个，优良率___%，主要分部工程优良率___%

外观质量	应得___分，实得___分，得分率___%
施工质量检验资料	齐全
质量事故处理情况	施工中未发生质量事故
观测资料分析结论	/

施工单位自评 等级： 合格 评定人： 项目经理： （公章） 　年　月　日	监理机构复核 等级： 合格 复核人： 总监或副总监： （公章） 　年　月　日	项目法人认定 等级： 合格 认定人： 单位负责人： （公章） 　年　月　日	质量监督机构 核定等级： 合格 核定人： 机构负责人： （公章） 　年　月　日

××××工程
单位工程施工质量检验资料核查表

单位工程名称		××××工程	施工单位	××××公司
			核定日期	＿＿年＿＿月＿＿日

项次	项目		份数	核查情况
1	原材料			
2				
3				
4				
5				
6				
7				
8	中间产品			
9				
10				
11				
12				
13				
14				
15				
16	综合资料			
17				
18				

施工单位自查意见	监理机构复查意见
自查：基本齐全 填表人： 质检部门负责人： （公章） 年 月 日	复查：基本齐全 监理工程师： 监理单位： （公章） 年 月 日

B.5 初验合格单

初验合格单

(NEI)	枢纽管理与工程技术处 初验合格单				
合同名称					
建设单位		合同编号		开工日期	
监理单位		预算价		完工日期	
承包单位		合同价		验收日期	
初步验收意见	责任部门意见：（可附页） 参加验收人员：				
	监理单位意见：（可附页） 参加验收人员：				
	承包单位意见：（工程质量及工程量等可附页） 参加验收人员：				
验收结论				验收组组长：	
责任部门（盖章）		监理单位（盖章）		承包单位（盖章）	

B.6 合同完工验收单

合同完工验收单

嫩江尼尔基水利水电有限责任公司 合同完工验收单					
合同名称					
建设单位		合同编号		开工日期	
监理单位		预算价		完工日期	
承包单位		合同价		验收日期	
完工验收意见	建设单位意见：（可附页） 参加验收人员：				
	监理单位意见：（可附页） 参加验收人员：				
	承包单位意见：（可附页） 参加验收人员：				
验收结论	验收组组长：				
建设单位（盖章）		监理单位（盖章）		承包单位（盖章）	

附录 C 档案资料归档

C.1 档案归档提交材料

××××工程档案归档提交材料

序　号	名　　称
1	施工管理工作报告
2	单元工程质量评定
3	质量检查自评材料
4	施工日志
5	往来文（函）件
6	分部工程验收资料
7	竣工图纸
8	施工照片
9	验收文件材料（建设管理报告、备查资料、验收鉴定书）
10	建设管理照片
11	其他
…	……

3 养　护

3.1　一般规定

3.1.1　养护工作应做到及时消除尼尔基工程的表面缺陷和局部工程问题，随时防护可能发生的损坏，保持工程的安全、完整、正常运行。

3.1.2　尼尔基工程主要养护对象包括主副坝、电站厂房、溢洪道、左岸灌溉管、右岸灌溉洞及场内公路、照明、管理站房等附属设施。

3.1.3　养护分为经常性养护、定期养护和专门性养护，并应符合下列规定：

　　1　经常性养护应根据每周巡视检查结果及时进行。

　　2　定期养护应在每年汛前、汛后、冬季来临前或易于保证养护工程施工质量的时间段内进行。

　　3　专门性养护应在极有可能出现问题或发现问题后，制定养护方案并及时进行养护施工；若不能及时进行养护施工时，应采取临时性防护措施。

3.1.4　责任部门应根据有关标准要求并结合工程具体情况，确定养护项目、内容、方法、时间和频次等。巡视检查和养护频次应按表 3.1.4-1 进行，巡视检查记录应按表 3.1.4-2 记录。

表 3.1.4-1　巡视检查及养护频次表

序号	养护项目	巡视检查频次	养护频次
一		主副坝工程	
1	坝顶路面	每周	根据检查情况及时养护
2	防浪墙	每周	根据检查情况及时养护
3	上游混凝土面板	每周	根据检查情况及时养护
4	碎石护坡	每周	每年汛前、汛后养护一次
5	干砌石	每周	每年汛前、汛后养护一次
6	混凝土台阶	每周	根据检查情况及时养护
7	灌木蒿草	每年5—9月每周检查一次	根据检查情况及时养护
8	排水设施	每周	1. 根据检查情况及时养护；2. 每季度全部清理一次
二		电站厂房	
1	坝顶路面	每周、雪后	根据检查情况及时养护
2	房顶彩钢瓦	每周	根据检查情况及时养护
3	厂房墙体	每周	根据检查情况及时养护
4	厂房排水设施	每周	1. 根据检查情况及时养护；2. 每季度全部清理一次
5	厂房楼板	每周	根据检查情况及时养护
6	钢制楼梯	每周	根据检查情况及时养护
7	厂房尾水平台	每周	根据检查情况及时养护
8	尾水渠及护坡	护坡：5—9月每周检查一次，其他月份每季度一次；闸墩和边墙：每周一次	根据检查情况及时养护

序号	养护项目	巡视检查频次	养护频次
三		溢洪道	
1	进水渠	每周	根据检查情况及时养护
2	工作桥	每周	根据检查情况及时养护
3	控制段	汛前、汛后各检查一次	根据检查情况及时养护
4	尾水渠及护坡	汛前、汛后各检查一次	根据检查情况及时养护
四		左右岸灌溉管（洞）	
1	右岸灌溉洞进水口	低水位时	根据检查情况及时养护
2	闸门控制室	每周	根据检查情况及时养护
3	消力池	每季度、入冬后	根据检查情况及时养护
五		其他设施	
1	场内交通公路	每周	根据检查情况及时养护
2	坝顶照明系统	每周	根据检查情况及时养护
3	管理房	每周	根据检查情况及时养护
4	围栏	每周	根据检查情况及时养护
5	标志标牌	每周	根据检查情况及时养护
6	安全监测及防雷设施	每周	根据检查情况及时养护
7	道路积雪清除	雪后	雪后及时清除道路积雪

表 3.1.4-2.1 日常巡视检查问题汇总

序号	巡查时间	工程部位	情况描述	情况分析及处理	巡查人员

表 3.1.4-2.2　日常巡视检查记录表

日期：_____年_____月_____日　　　　库水位：____m　　　天气：

巡视检查部位		检查内容	损坏或异常情况	问题分析及处理意见
主坝	坝顶	有无裂缝、异常变形、积水、植物滋生		
	上游混凝土面板护坡	有无裂缝、剥落、滑动、隆起、塌坑、冲刷、植物滋生；近坝水面有无冒泡、变浑、漩涡和冬季不冻现象		
	下游干砌石护坡	有无滑动、隆起、塌坑、积雪不均匀融化、冒水、渗水坑		
	上、下游坡面排水系统	上游排水反滤孔是否堵塞和排水不畅，砂袋是否缺失；坝顶及下游护坡排水沟是否通畅		
	排水棱体	坝趾排水棱体有无错动、隆起、塌坑；渗水有无骤增、骤减和浑浊		
左副坝	坝顶	有无裂缝、异常变形、积水、植物滋生		
	防浪墙	有无开裂、挤碎、架空、错断、倾斜		
	上游混凝土面板护坡	有无裂缝、剥落、滑动、隆起、塌坑、冲刷、溶蚀、水流侵蚀、植物滋生；近坝水面有无冒泡、变浑、漩涡和冬季不冻现象		
	下游碎石护坡	有无滑动、隆起、塌坑、积雪不均匀融化、冒水、渗水坑		

67

巡视检查部位		检查内容	损坏或异常情况	问题分析及处理意见
左副坝	上、下游坡面排水系统	上游排水反滤孔是否堵塞和排水不畅，沙袋是否缺失； 坝顶及下游护坡排水沟是否通畅，有无损坏		
	排水棱体及压重	坝趾排水棱体有无错动、隆起、塌坑； 渗水有无骤增骤减和浑浊； 压重区有无隆起、塌坑、积雪不均匀融化、冒水、渗水坑		
右副坝	坝顶	有无裂缝、异常变形、积水、植物滋生		
	防浪墙	有无开裂、挤碎、架空、错断、倾斜		
	上游混凝土面板护坡	有无裂缝、剥落、滑动、隆起、塌坑、冲刷、植物滋生； 近坝水面有无冒泡、变浑、漩涡和冬季不冻现象		
	下游碎石护坡	有无滑动、隆起、塌坑、积雪不均匀融化、冒水、渗水坑		
	上、下游坡面排水系统	上游排水反滤孔是否堵塞和排水不畅，砂袋是否缺失； 坝顶及下游护坡排水沟是否通畅		
	排水棱体	坝趾排水棱体有无错动、隆起、塌坑； 渗水有无骤增、骤减和浑浊		
左岸灌溉管	出水口	放水期水流形态、流量是否正常； 停水期是否有水渗漏； 边坡排水沟和排水孔工作是否正常		

巡视检查部位		检查内容	损坏或异常情况	问题分析及处理意见
右岸灌溉管	出水口边坡	有无新裂缝、塌滑；原有裂缝有无扩大、延伸		
	出口闸门工作桥	是否有不均匀沉陷、裂缝、断裂等现象		
溢洪道	引渠段	有无坍塌、崩岸、淤堵或其他阻水现象；流态是否正常；岸坡有无冲刷、开裂、崩塌及滑移迹象		
	工作（交通）桥	是否有不均匀沉陷、裂缝、断裂等现象		
	下游河床及岸坡	岸坡有无冲刷、开裂、崩塌及滑移迹象		
发电厂房	主厂房	有无新裂缝，原有裂缝有无扩大、延伸；有无渗漏		
	副厂房			
其他（包括管理设施）		坝下公路有无裂缝、凹坑，边坡有无雨淋沟；码头引道有无断裂、塌坑，引道护坡有无滑移、冲刷；各坝上管理用房土建结构有无损坏		

注 被巡视检查的部位若无损坏和异常情况时，应填写"无"字；有损坏或出现异常情况的地方应获取影像资料，并应标明影像资料文件名和存储位置。

负责人：_____   检查人：_____

表 3.1.4-2.3 道路清扫 (清雪) 及坝体维护检查表

序号	工作内容		标准要求	检查情况	整改情况	备注
1	环境卫生	枢纽交通公路、坝顶路面、厂房和溢洪道坝上工作面等,码头广场,以及其他枢纽区内环境卫生、积雪的清理工作;垃圾桶内垃圾清理工作	无垃圾污物,无人畜粪便,无纸屑、瓜果皮核,无明显粪迹、浮土;坝上公路和场内公路路面无果皮、纸屑、塑膜、烟蒂、其他污染物等;路面无污水、无淤泥;垃圾桶内垃圾无满桶现象			
2	清雪重点部位	进厂公路、厂房顶部区域(路面及电缆沟上部)、上坝公路、1+864 部位 205 马道以上楼梯、左岸灌溉管下游上坡路面、水准测量前及时清理坝顶、205 马道、191 高程积雪	坝面、道路清雪以见路面本色为标准,无明显积雪堆积			
3	护坡维护	主坝、左右副坝上下游护坡看护及杂草清理;主坝和右副坝下游碎石护坡平整;上游排水管、下游排水沟的看护及清理	保证碎石护坡平整规则;护坡、护角无杂草和杂物;集水井内无杂物和蜘蛛网;上游排水管内砂袋不得损坏和丢失,如有损坏和丢失应及时更换			

负责人: _____ 检查人: _____

巡视照片粘贴页（单占一页）

填表说明

第一条　本表适用于尼尔基水利枢纽工程日常巡视检查工作，汛期或高水位等特殊情况下的巡视检查工作按特别巡视检查或应急检查进行。

第二条　日常巡视检查应由当值班组人员参加，检查时应带好必要的辅助工具和记录笔、记录簿以及照相机、录像机等设备。

第三条　日常巡视检查日期为每星期三，频率为每周一次，如遇特殊情况可前后调整一天。

第四条　日常巡视检查路线为：右岸灌溉洞出水口→右副坝→溢洪道→主坝→左副坝→左岸灌溉管→厂房。

第五条　日常巡视检查人员应严格按照巡视路线行进，认真检查各水工建筑物有无检查表中所述的问题，并做好笔记和影像记录。

第六条　日常巡视检查完毕后，应及时整理笔记、填写日常巡视检查记录表、粘贴照片。

3.2 主副坝养护

3.2.1 坝顶混凝土路面养护

3.2.1.1 工程部位：

主副坝坝顶路面。

3.2.1.2 常见问题：

1 坝顶路面不平整，因重车行驶造成凹陷、破损，冻胀产生隆起或开裂。

2 坝顶路面不整洁，有积水和杂物（杂草）等。

3 下游挡墙不完整，有开裂、破损、倾斜现象。

3.2.1.3 养护要求：

1 坝顶路面应及时清除坝顶的杂草、弃物等。

2 当坝顶路面和下游挡墙出现轻微隆起、凹陷、开裂、破损和倾斜现象时，应在巡视检查时加强检查，具备条件时及时维修。

3.2.1.4 质量标准：

1 坝顶路面整洁，无积水，无杂物。

2 路面和下游挡墙完好、平整，边线顺直，无开裂、破损。

3.2.2 混凝土防浪墙养护

3.2.2.1 工程部位：

坝顶防浪墙。

3.2.2.2 常见问题：

1 混凝土防浪墙出现墙体裂缝、挤碎、架空、错断、倾斜和变形缝错位等现象。

2 混凝土压浪板出现错位、碎石缺失、不均匀沉降、有杂物（杂草）等现象。

3.2.2.3 养护要求：

防浪墙、压浪板表面应保持清洁整齐，当防浪墙墙体出现轻微开裂、错断和倾斜等现象，压浪板出现轻微错位、碎石缺失、不均匀沉降时，应加强检查，具备条件时应及时维修。

3.2.2.4　质量标准：

1　防浪墙墙体应结构完整，无倾斜弯曲，变形缝无错位；墙体周边地面应平实，无水沟、坑洼。

2　防浪墙表面应整洁、无裂缝和剥蚀脱落。

3　压浪板应无错位、碎石缺失、不均匀沉降现象。

3.2.3　混凝土面板养护

3.2.3.1　工程部位：

大坝上游混凝土面板。

3.2.3.2　常见问题：

1　上游混凝土面板出现破损、裂缝、剥蚀、隆起、塌陷等现象。

2　上游混凝土面板表面有杂草、垃圾等杂物。

3　出现反滤袋缺失、闭孔泡沫板脱落等现象。

3.2.3.3　养护要求：

1　混凝土面板应每周检查一次，根据检查情况应及时养护、经常清理，保持表面清洁整齐，无积水、杂草、垃圾等杂物。

2　混凝土面板表面出现轻微裂缝时，应加强检查，具备条件时应及时维修。

3　混凝土表面出现剥蚀、磨损等类型的轻微缺陷时，应在每次巡视检查时对磨损部位加强检查或采用水泥砂浆、细石混凝土或环氧类材料等及时进行修补。

4　闭孔泡沫板在出现轻微凸出时，应及时复位固定，加强检查；当闭孔泡沫板损坏严重或缺失时，应及时更换。

5　反滤孔在出现堵塞时，应及时清理；反滤料发生损坏或缺失时，应及时进行滤料填充或更换。

3.2.3.4　质量标准：

1　混凝土面板应平顺，无隆起、蜂窝麻面、剥蚀、缺损及危险性裂缝，表面应整洁、无杂草、杂物。

2　闭孔泡沫板应无凸出、缺失。

3　反滤孔应无损坏、堵塞，反滤袋应无缺失。

3.2.4 碎石护坡养护

3.2.4.1 工程部位：

主坝和右副坝下游护坡。

3.2.4.2 常见问题：

1 碎石护坡坡面不平顺，有明显凸凹和缺损现象。

2 碎石护坡表面有杂草、杂物。

3.2.4.3 养护要求：

1 护坡应达到坡面平整，无杂草丛生，无塌陷、脱落等现象。

2 护坡因石料滚动造成厚薄不均时，应及时整平。

3 应每半年定期养护一次。

3.2.4.4 质量标准：

坡面应平顺，表面应整洁，无杂物，无凹陷缺损、坑洼不平、杂草丛生的现象。

3.2.5 干砌石养护

3.2.5.1 工程部位：

1 左副坝下游护坡。

2 主坝下游护坡（191m 高程以下）。

3 主副坝下游坝趾排水棱体。

3.2.5.2 常见问题：

1 坡面不平顺，坡比大于原设计标准，坡面有雨淋沟、陡坎、洞穴、裂缝、陷坑、缺失等坑洼不平现象。

2 坡面不整洁，有杂草丛生和杂物堆积现象。

3 砌块有破损，砌缝不紧密，有松动、塌陷、脱落、风化或架空等现象。

3.2.5.3 养护要求：

1 应及时填补、楔紧个别脱落或松动的护坡石料。

2 应及时更换风化的块石，并应嵌砌紧密。

3 块石塌陷、垫层损坏时，应先翻出块石，恢复坝体和垫层后，再将块石嵌砌紧密。

4 应每半年定期养护一次。

3.2.5.4 质量标准：

1 坡面应平顺，坡比不陡于原设计标准，无雨淋沟、陡坎、洞穴、裂缝、陷坑等坑洼不平的现象；表面应整洁，无杂物，无荆棘杂草丛生现象；干砌石护坡平整度应不大于 5cm/2m。

2 砌石护坡的砌块应整体完好，砌缝应紧密，填料应密实，无松动、塌陷、脱落、风化或架空等现象。

3.2.6 混凝土台阶养护

3.2.6.1 工程部位：

主副坝下游边坡等部位的混凝土台阶。

3.2.6.2 常见问题：

1 台阶踏面不整洁，有垃圾、杂物等。

2 台阶踏面不平，出现断裂、破损、错台、架空或倾斜等现象。

3.2.6.3 养护要求：

1 混凝土台阶表面应每周检查一次，根据检查情况及时养护；应经常清理，保持表面清洁整齐。

2 混凝土台阶表面出现轻微裂缝时，应在每次巡视检查时对裂缝部位加强检查，必要时可采取封闭处理措施。

3.2.6.4 质量标准：

1 台阶踏面宜保持水平，不应出现断裂、破损、错台、架空或倾斜等现象。

2 矫正或修复时，应与原有结构型式、标准、质量要求相一致。

3.2.7 灌木蒿草养护

3.2.7.1 工程部位：

主副坝上下游坝脚（2m 范围内）和进场公路两侧边坡。

3.2.7.2 常见问题：

1 坡面、坝脚 2m 范围内灌木蒿草未定期清理，或清理后的树根、杂枝、枯草未及时清运到指定地点或处理，导致坡面情况被遮挡，巡视检查时不能及时发现问题。

2 坡面、坝脚生长的树木根系未能及时挖出或挖出后未及时恢复边坡平整度。

3.2.7.3 养护要求：

1 坡面、坝脚灌木蒿草应定期清理（每年5—9月每周检查一次，根据检查结果及时养护），高度应不超过15cm。

2 坡面、坝脚应平整，无雨淋沟，对树根应及时挖出，恢复坡面平整度，清理的树木根系、杂枝、枯草应集中清运到指定地点存放或处理。

3.2.7.4 质量标准：

1 坡面、坝脚蒿草高度应不超过15cm，大坝安全巡视检查时坡面情况应清晰可见。

2 坡面、坝脚应平整，无雨淋沟。

3.2.8 排水设施养护

3.2.8.1 工程部位：

主副坝坝顶路面集水井和下游排水沟及盖板。

3.2.8.2 常见问题：

1 集水井、排水沟和排水孔有杂物、堵塞、损坏现象。

2 排水沟混凝土盖板损坏、缺失。

3 集水井箅子出现丢失、断裂现象；周围混凝土有破损现象。

3.2.8.3 养护要求：

1 每季度应进行一次集水井、排水沟和排水孔人工或机械清理，应保持排水通畅。

2 排水管、盖板出现损坏、堵塞、失效现象时，应及时维修或更换处理。

3 坝顶路面集水井周围混凝土出现坍塌时，应将集水井周围混凝土损坏部分重新修补。

3.2.8.4 质量标准：

1 排水设施应结构完整、基础稳定、排水通畅。

2 集水井、排水沟和排水孔内应无淤积、杂物，无损坏、堵塞、失效现象。

3.3 电站厂房养护

3.3.1 坝顶养护

3.3.1.1 工程部位：

电站厂房坝顶路面及其他设施。

3.3.1.2 常见问题：

1 混凝土路面、沥青混凝土路面有隆起、开裂和破损等现象。

2 检修闸门和事故闸门表面有杂物、锈蚀现象。

3 管线和电缆裸露，管线沟积水、盖板缺失或损坏。

4 路缘石不完整，有缺失、松动、破损现象。

5 坝顶不锈钢围栏表面有蛛网、杂物、损坏变形等现象。

3.3.1.3 养护要求：

1 电站厂房坝顶路面应及时清除坝顶和闸门上的杂草、弃物等。

2 当坝顶路面出现轻微隆起、开裂和破损现象时，应在巡视检查时重点检查，必要时应及时维修。

3 当闸门出现锈蚀现象时，应及时进行除锈和涂刷防腐漆处理。

4 当路缘石和管线沟积水，盖板缺失、松动、破损现象时，应及时填补、排除或更换。

5 不锈钢护栏应及时清洁表面蛛网、杂物等，并应更换已损坏护栏。

3.3.1.4 质量标准：

1 坝顶路面应整洁、平整、无杂物；路面应完好，边线顺直，路缘石齐整，无松动、破损。

2 路面应无隆起、开裂和破损等，表面平整度应不大于

2cm/3m。

3 检修闸门和事故闸门表面应整洁，无杂物，无锈蚀。

4 管线沟应无积水，盖板结构应完整。

5 不锈钢护栏表面应清洁，无蛛网，无杂物，无变形损坏现象。

3.3.2 房顶彩钢瓦养护

3.3.2.1 工程部位：

电站厂房房顶彩钢瓦。

3.3.2.2 常见问题：

1 彩钢瓦表面和排水沟内不整洁，有杂物、杂草等。

2 彩钢瓦有变形、裂缝和损坏，出现漏水现象。

3.3.2.3 养护要求：

1 厂房彩钢瓦应保持表面清洁整齐，清除彩钢瓦上可能引起损坏的石块和其他杂物。

2 当彩钢瓦表面出现裂缝时，应在巡视检查时重点检查；当裂缝有渗水现象时，应及时维修。

3.3.2.4 质量标准：

1 彩钢瓦和排水沟应无杂物、杂草。

2 彩钢瓦应整体结构完好，无变形、裂缝和漏水现象。

3.3.3 厂房墙体养护

3.3.3.1 工程部位：

电站厂房各楼层墙体。

3.3.3.2 常见问题：

1 厂房墙体表面有水渍、污渍、霉渍等。

2 厂房墙体有裂缝和渗水现象，导致墙面装饰层及墙体外部混凝土保护层脱落。

3.3.3.3 养护要求：

1 墙体表面污渍面积达到1/3以上时，应重新刮白。

2 当墙体出现裂缝时，应加强检查或及时维修。

3.3.3.4 质量标准：

1 厂房墙面应干净整洁，无水渍、污渍、霉渍。

2 厂房墙体应无裂缝及渗水现象，墙体表面应平整、结构完好。

3.3.4 厂房排水设施养护

3.3.4.1 工程部位：

1 厂房顶、厂房内的排水沟、排水管及盖板。

2 尾水管进口和蜗壳进口处排水口。

3.3.4.2 常见问题：

1 排水沟、排水管有断裂、堵塞、损坏、失效现象。

2 排水沟盖板损坏、锈蚀，排水功能减弱。

3 尾水管进口和蜗壳进口处排水口有钙质析出物堵塞，影响正常排水。

3.3.4.3 养护要求：

1 排水设施应每周巡视检查一次。

2 排水设施应每季度全部疏通清理一次，确保排水通畅。

3 排水管和盖板等排水设施损坏时应及时更换。

3.3.4.4 质量标准：

1 排水设施应结构完整，盖板应完好无锈蚀，排水应通畅。

2 排水沟、排水管内应无淤积、杂物，无断裂、损坏、堵塞、失效现象。

3.3.5 厂房楼板养护

3.3.5.1 工程部位：

主副厂房各层楼板。

3.3.5.2 常见问题：

1 楼板表面不整洁，有垃圾、杂物、积水等现象。

2 发电机层地面瓷砖有开裂、损坏和缺失，结构缝胶质有老化、失效现象。

3 其他楼层混凝土楼板有裂缝、渗水现象。

3.3.5.3 养护要求：

1 应及时清除楼板表面积水、杂物等。

2 地面瓷砖有开裂、损坏和缺失，结构缝胶质有老化、失效现象时，应及时处理维护。

3 混凝土楼板有裂缝、渗水现象时，应及时维修。

3.3.5.4 质量标准：

1 楼板表面应整洁，无垃圾、杂物、积水。

2 发电机层地面瓷砖应完好，无开裂、损坏和缺失现象，结构缝应完好。

3 混凝土楼板应无裂缝、渗水现象。

3.3.6 钢制楼梯养护

3.3.6.1 工程部位：

电站厂房内钢制楼梯。

3.3.6.2 常见问题：

1 钢制楼梯踏板、扶手有污垢、锈蚀等现象。

2 钢制楼梯结构损坏，踏板、扶手栏杆焊接不牢固。

3.3.6.3 养护要求：

1 应及时清除楼梯表面污垢，保持楼梯整洁。

2 钢制楼梯在发生锈蚀时，应进行表面除锈加固，重新涂刷防腐剂和油漆。

3 当钢制楼梯发生焊接不牢或结构破坏时，应及时进行补焊或重新焊接，应确保楼梯结构完好、安全牢固。

3.3.6.4 质量标准：

1 钢制楼梯应干净整洁，无灰尘、污垢和锈蚀现象。

2 钢制楼梯应结构完好，栏杆、踏板稳固，无脱焊、漏焊现象。

3.3.7 厂房尾水平台养护

3.3.7.1 工程部位：

厂房尾水平台。

3.3.7.2 常见问题：

1 尾水平台不整洁，有积水和杂物（杂草）等。

2 尾水平台混凝土表面有裂缝，导致厂房内渗水。

3 检修闸门有锈蚀现象。

4 尾水平台不锈钢围栏表面有蛛网、杂物、损坏变形等现象。

3.3.7.3 养护要求：

1 应及时清除平台表面积水和杂物（杂草）等。

2 混凝土平台有裂缝、渗水现象时，应及时维修。

3 检修闸门有锈蚀现象时，应及时进行定期防腐和除锈处理。

4 不锈钢护栏应及时清洁表面蛛网、杂物等，应更换已损坏护栏。

3.3.7.4 质量标准：

1 尾水平台应干净整洁，无积水和杂物（杂草）等。

2 检修闸门应无锈蚀。

3 平台混凝土应无裂缝、渗水现象。

4 不锈钢护栏应表面清洁，无蛛网、杂物、变形损坏等现象。

3.3.8 厂房尾水渠及边坡养护

3.3.8.1 工程部位：

厂房尾水渠及边坡。

3.3.8.2 常见问题：

1 尾水渠闸墩、边墙有混凝土冻融剥蚀现象。

2 尾水渠闸墩、边墙聚脲保护层有破损脱落现象。

3 尾水渠右岸混凝土护坡面板有裂缝、剥蚀、杂物，板缝间有杂草和树木生长现象。铅丝石笼有断丝、变形、石料淘空等现象。

3.3.8.3 养护要求：

1 混凝土面板护坡每年 5—9 月应每周巡视检查一次，其他月份应每季度检查一次，根据检查情况应及时清理杂物、杂草和树木。当混凝土面板有裂缝、剥蚀时，应在巡视检查时重点检查损坏部位或及时维修。

2 当尾水渠闸墩、边墙有聚脲保护层破损、脱落现象时，应及时重新涂刷聚脲。

3 当尾水渠闸墩和边墙发现混凝土表面有破损、剥蚀情况时，应及时维修。

4 铅丝石笼有断丝、变形、石料淘空等现象时，应及时进行维修。

3.3.8.4 质量标准：

1 尾水渠闸墩和边墙聚脲保护层应完好，混凝土表面应无裂缝、破损、剥蚀现象。

2 混凝土面板护坡应无杂物、杂草和树木，无危害性裂缝、剥蚀现象。

3 铅丝石笼应无断丝、变形、石料淘空等现象。

3.4 溢洪道养护

3.4.1 进水渠养护

3.4.1.1 工程部位：

溢洪道进水渠。

3.4.1.2 常见问题：

1 进水口两侧混凝土护坡（高程 210m 马道以上为混凝土面板护坡，以下为素喷混凝土护坡）有杂物、杂草。

2 进水渠混凝土护坡面板有裂缝、剥蚀和脱空现象，素喷混凝土护坡有破损、淘空等现象。

3.4.1.3 养护要求：

1 混凝土面板护坡每年 5—9 月应每周巡视检查一次，其他月份应每季度检查一次，根据检查情况应及时清理杂物、杂草和树木。当混凝土面板有裂缝、剥蚀时，在巡视检查时应重点检查损坏部位并应及时维修。

2 素喷混凝土护坡在水位具备检查时应进行检查，当素喷混凝土护坡有破损、淘空时应及时维修。

3.4.1.4 质量标准：

1 混凝土护坡面板应完好，表面应无裂缝、破损和脱空现象；素喷混凝土护坡应无破损、淘空等现象。

2 混凝土护坡应表面整洁，无杂物、杂草。

3.4.2 控制段养护

3.4.2.1 工程部位：

溢洪道控制段。

3.4.2.2 常见问题：

1 混凝土路面不整洁，有杂草、弃物等。

2 混凝土路面不平整，有隆起、开裂和破损等现象。

3 闸门检修孔钢制盖板损坏、锈蚀。

4 不锈钢围栏表面有蛛网、杂物，损坏变形等现象。

5 启闭机室外墙理石脱落，门窗有损坏等现象。

6 工作桥伸缩装置锚固件破坏，橡胶条老化、划伤等现象。

7 控制段弧形闸门有锈蚀现象，止水错动、老化，有漏水现象。

3.4.2.3 养护要求：

1 坝顶混凝土路面应及时清理杂草、弃物等。

2 当混凝土路面出现轻微隆起、开裂和破损现象时，应在巡视检查时重点检察损坏部位或及时维修。

3 钢制盖板有锈蚀、损坏时，应及时防腐或更换。

4 不锈钢护栏应及时清洁表面蛛网、杂物等，应更换已损坏护栏。

5 启闭机室外墙、门窗损坏时，应及时更换。

6 闸门有锈蚀情况时应及时除锈；渗漏量超过标准时，应及时更换。

7 工作桥伸缩装置锚固件和橡胶条老化、损坏时，应及时进行维修或更换。

3.4.2.4 质量标准：

1 坝顶混凝土路面应整洁、平整，无杂草、弃物。

2 路面应无隆起、开裂和破损等，表面平整度应不大于 2cm/3m。

3 闸门检修孔盖板应无锈蚀、无损坏变形。

4 不锈钢围栏应表面清洁，无蛛网、无杂物，无变形损坏现象。

5 启闭机室外墙应完整，门窗应无损坏。

6 闸门应无锈蚀，止水应无错动，止水效果良好，无渗水漏水现象。

7 工作桥伸缩装置锚固件和橡胶条等应完好，无老化损坏现象。

3.4.3 泄槽段、消力池养护

3.4.3.1 工程部位：

溢洪道泄槽段、消力池。

3.4.3.2 常见问题：

1 泄槽底板、消力池等过流面有裂缝、剥蚀、冲坑、冻融等现象。

2 边墙有裂缝、渗水等现象。

3 泄槽底板、消力池表面有青苔、杂草、杂物等现象。

4 两侧山体有裂缝、滑坡、雨淋沟等现象。

3.4.3.3 养护要求：

1 应每半年定期巡视检查一次，可选为汛前和汛后，根据检查情况及时养护，过流面应保持光滑、平整，泄洪前应清除泄槽底板和消力池表面青苔、杂草和杂物等。

2 泄槽底板、消力池和边墙等结构出现轻微裂缝、剥蚀和冻融时，应在巡视检查时重点检查损坏部位或及时维修。

3 两侧山体有裂缝、滑坡、雨淋沟等现象时，应填土压实，补种灌木蒿草防治边坡水土流失。

3.4.3.4 质量标准：

1 泄槽底板、消力池等部位应表面清洁、无石块及重物堆积，结构完整，无危害性裂缝和渗水现象。

2 两侧山体应无裂缝、滑坡、雨淋沟等现象。

3.4.4 出水渠养护

3.4.4.1 工程部位：

溢洪道出水渠。

3.4.4.2 常见问题：

1 出水渠底板出现钢筋石笼破损、冲坑等现象。

2 出水渠护坡右岸格宾石笼出现断丝、变形、石料淘空等现象。

3 出水渠护坡左岸出现冲坑、淘刷、退岸等现象。

3.4.4.3 养护要求：

1 出水渠钢筋石笼底板应定期水下测量检查，若发现有淘空、塌陷、脱落现象时，应进行及时维修。

2 出水渠右岸格宾石笼护坡有轻微损坏、变形时，应在巡视检查时重点检查损坏部位或及时维修。

3 出水渠左岸出现冲坑、淘刷、退岸等现象时，应新建护坡处理。

3.4.4.4 质量标准：

1 格宾石笼整体应无变形、无断丝，网目尺寸应大小均一，石笼内石料应密实，无淘空、塌陷等现象。

2 出水渠护坡左岸应无冲坑、淘刷、退岸等现象。

3.5 左、右岸灌溉管（洞）养护

3.5.1 右岸灌溉洞进水口养护

3.5.1.1 工程部位：

右岸灌溉洞进水口。

3.5.1.2 常见问题：

1 进水口边坡浆砌石护坡嵌缝砂浆脱落，砌石有松动、坍陷、架空等现象。

2 进水口素喷混凝土护坡有裂缝、剥蚀和淘空等现象。

3.5.1.3 养护要求：

1 灌溉洞进水口护坡应视库水位情况适时检查，根据检查情况及时养护。

2 浆砌石护坡嵌缝砂浆脱落，砌石出现松动、坍陷、架空等现象，素喷混凝土护坡出现裂缝、剥蚀和淘空等现象，应进行维修。

3.5.1.4 质量标准：

1 浆砌石护坡应砌筑紧密，嵌缝均匀，砌石无松动、坍陷、架空等现象。

2 素喷混凝土护坡表面应无危害性裂缝、剥蚀和淘空。

3.5.2 闸门控制室养护

3.5.2.1 工程部位：

左、右岸灌溉管（洞）闸门控制室。

3.5.2.2 常见问题：

1 闸门控制室大理石外墙损坏、缺失。

2 闸门控制室屋顶彩钢瓦损坏，有渗漏现象。

3 闸门控制室门窗损坏；钢制楼梯踏板、扶手有污垢、锈蚀等现象；钢制楼梯结构损坏，踏板、扶手栏杆焊接不牢固。

4 闸门控制室内外墙体涂料有褪色、起皮现象。

3.5.2.3 养护要求：

1 应每周对闸门控制室外观检查一次，根据检查结果进行养护。

2 闸门控制室大理石外墙、门窗损坏时，应及时修理或更换。

3 钢制楼梯在发生锈蚀时，应进行表面除锈加固，重新涂刷防腐剂和油漆。

4 当钢制楼梯发生焊接不牢或结构破坏时，应及时进行补焊或重新焊接，确保楼梯结构完好，安全牢固。

5 当闸门控制室内外墙体涂料褪色、起皮超过墙体表面面积1/3以上时，应重新涂刷墙体涂料。

6 屋顶彩钢瓦出现裂缝、渗水现象时，应及时进行防水处理。

3.5.2.4 质量标准：

1 闸门控制室外墙应完整，彩钢瓦、门窗应无损坏。

2 墙体屋顶保温防水效果应良好。

3 钢制楼梯应干净整洁，无灰尘、污垢和锈蚀现象。

4 钢制楼梯结构应完好，栏杆、踏板应稳固，无脱焊、漏焊现象。

5 闸门控制室内外墙体应无褪色及大面积起皮现象。

3.5.3 消力池养护

3.5.3.1 工程部位：

左、右岸灌溉管（洞）消力池。

3.5.3.2 常见问题：

1 消力池闸门止水漏水。

2 冬季易引发消力池积水结冰、冻胀，导致池内混凝土表面破坏。

3 钢制护栏扶手有污垢、锈蚀等现象，结构损坏，栏杆焊接不牢固。

3.5.3.3 养护要求：

1 闸门止水有漏水现象时，应及时更换。

2 消力池内积水在冬季结冰前应及时抽干，以免发生冻胀破坏。

3 钢制护栏在发生锈蚀时应进行表面除锈加固，重新涂刷防腐剂和油漆。当护栏发生焊接不牢或结构破坏时，应及时进行补焊或重新焊接，确保楼梯结构完好，安全牢固。

3.5.3.4 质量标准：

1 闸门止水应良好，无漏水现象。

2 消力池内冬季应无冻胀破坏。

3 钢制护栏应干净整洁，无灰尘、污垢和锈蚀现象；结构应完好，栏杆稳固，无脱焊、漏焊现象。

3.6 其他设施养护

3.6.1 场内交通公路养护

3.6.1.1 工程部位：

进场公路、主副坝坝下公路和上坝公路。

3.6.1.2 常见问题：

1 混凝土路面由于重车行驶造成隆起、开裂和破损等现象。

2 混凝土路面不整洁，有杂草、弃物等。

3 土路肩受到雨水冲刷严重形成雨淋沟，导致边坡和路基水土流失。

4 波纹护栏板变形、损坏、锈蚀、缺失等现象。

3.6.1.3 养护要求：

1 场内交通公路应及时清除杂草、弃物等。

2 当坝顶路面出现轻微隆起、开裂和破损现象时，应加强检查，对重点部位进行检查，具备条件时应及时维修。

3 土路肩有雨水冲刷沟槽时应及时填土压实，补种灌木蒿草防止路肩和边坡水土流失。

4 波纹护栏板出现锈蚀时应及时进行除锈处理，有变形、损坏、缺失现象时应及时维修或更换。

3.6.1.4 质量标准：

1 场内公路路面整洁、平整，无积水、杂物。

2 场内公路路面无隆起、开裂、破损现象。

3 土路肩边线顺直，无雨淋沟、缺口。

4 波纹护栏板无变形、损坏、锈蚀、缺失等现象。

3.6.2 照明（亮化）系统养护

3.6.2.1 工程部位：

坝顶路灯及坝坡字体等照明（亮化）系统。

3.6.2.2 常见问题：

1 照明灯柱外形破损、变形；金属灯杆锈蚀破坏，保护漆膜破损，存在鼓包或掉皮现象。

2 灯具连接线路凌乱、外露，亮灯率不能满足照明需要。

3 大坝护坡字体亮化线条灯故障、破损现象。

3.6.2.3 养护要求：

1 坝顶灯柱歪斜，线路和路灯、字体亮化线条灯等照明设备损坏时，应及时修复或更换。

2 金属灯杆出现锈蚀破坏时，应及时除锈并涂刷油漆。

3.6.2.4 质量标准：

1 照明灯柱应外形完好、无变形破坏。金属灯杆应无锈蚀破坏，保护漆膜应完整均匀，无鼓包和掉皮现象。

2 灯具连接线路应整齐，无凌乱和外露现象。

3 路灯、字体亮化线条灯等照明设备应完好，总体亮灯率应不低于98%。

3.6.3 管理房养护

3.6.3.1 工程部位：

保安房、监测站房、观测楼、排水泵房和开关站房。

3.6.3.2 常见问题：

1 房屋外墙干挂大理石存在破损、脱落现象，内墙面存在起皮、阴湿、开裂和剥落现象，门窗、玻璃、吊顶等松动或损坏。

2 屋顶防水隔热层损坏，存在漏雨渗水现象。

3.6.3.3 养护要求：

1 管理房应每周巡视检查一次，根据检查情况及时养护。应及时对房屋内外墙面进行修补或更换，对门窗、玻璃、吊顶等应及时进行加固或更换。

2 房屋外墙出现漏雨渗水时，应及时进行防水保温维修处理。

3.6.3.4 质量标准：

1 房屋外立面应干净整洁，无破损、脱落和涂鸦；室内地面应平整干净；内墙面装饰层应无起皮、阴湿、开裂和剥落现象；门窗、玻璃、吊顶等应整齐无缺、安装牢固。

2 外墙、屋顶防水隔热层应完好，无漏雨渗水现象。

3.6.4 围（护）栏养护

3.6.4.1 工程部位：

1 枢纽管理区边界围栏（钢管丝网围栏、铸铁栏杆和白色装饰网）。

2 电站厂房、灌溉管（洞）、溢洪道、主坝坝顶护栏，以及厂房坝顶上挡车器。

3.6.4.2 常见问题：

1 围（护）栏表面防腐漆老化脱落，栏杆锈蚀；不锈钢护栏有污垢。

2 围（护）栏发生焊接不牢或结构破坏。

3.6.4.3 养护要求：

1 围（护）栏应及时清理，保持表面清洁整齐，无蛛网、污垢等。

2 围（护）栏发生锈蚀时应及时除锈、涂装处理，发生局部轻微破损时应加强养护观察；当围（护）栏发生焊接不牢或结构破坏时，应及时进行补焊或重新焊接，确保围（护）栏结构完好，安全牢固。

3.6.4.4 质量标准：

1 围（护）栏应整洁，无蛛网、污垢和鸟类粪便等。

2 围（护）栏结构应完整，焊接应牢固，金属栏杆、防护网应无锈蚀，表面保护漆应完整，无鼓包和翘皮掉漆现象。

3.6.5 标志标牌养护

3.6.5.1 工程部位：

工程管理区范围内所有标志标牌。

3.6.5.2 常见问题：

1 标志（警示）牌倾斜、松动，存在脱落、变形、缺失等现象。

2 标识不清晰、不醒目，有褪色、掉漆、污渍等现象。

3 交通标志、标线损坏或不清晰，构件锈蚀。

3.6.5.3 养护要求：

标志、标牌、标线应定期检查，出现损坏或不清晰时应及时修补或更换，构件锈蚀时应及时除锈并涂刷油漆。

3.6.5.4 质量标准：

1 标志牌制作应符合 GB 2894—2008《安全标志及其使用导则》要求。

2 标志牌埋设应竖直、牢固，无剥蚀脱落、变形、缺失等现象。

3 标识应清晰、醒目美观、清洁完整。

4 交通标志、标线应清晰、完整，构件应无锈蚀。

3.6.6 安全监测及防雷设施养护

3.6.6.1 工程部位：

1 真空激光系统：厂房、溢洪道坝顶。

2 外部水准点及保护墩：近坝区、坝顶、马道。

3 测压管及保护墩：近坝区。

4 量水堰装置：左右副坝坝脚、厂房廊道。

5 防雷设施：大坝监测站。

6 传感器及集线箱：大坝监测站。

3.6.6.2 常见问题：

1 安全监测设施有锈蚀、缺失、损坏、动物筑巢和周边杂草丛生等现象。

2 水准点（测压管）保护墩有褪色、起皮、损坏、冻胀（拔）等现象。

3 防雷设施出现损坏、锈蚀等问题影响防雷效果。

4 监测站室内温度过低影响设备运行。

5 枢纽管理区外监测设施围栅、标志牌损坏、缺失。

6 量水堰堰体内存在附着物、杂物和淤积物。

3.6.6.3 养护要求：

1 安全监测设施应定期检查，根据检查情况应及时养护。各类安全监测设施应保持良好工作状态，锈蚀、损坏、缺失的安全监测设施应及时修复或更换。

2 枢纽管理区外的安全监测设施应设置围栏加以保护。

3 应及时清除安全监测设施附近的杂物、杂草、淤积物和动物巢窝。

4 安全监测设施有防潮湿、防锈蚀要求的，应采取除湿措施，并应定期进行防腐处理。

5 监测站应保持室内干燥，室内温度应满足安全监测仪器的工作温度要求，必要时应采取保暖措施。

6 安全监测设施维护除应满足本标准规定外，还应满足安全监测仪器厂家提出的设备维护要求。

7 水准点（测压管）保护墩有褪色、起皮时应加强检查，当发生损坏、冻胀（拔）等现象时，应对保护墩进行维修处理。

8 每年应对防雷接地装置、接地电阻、接闪器及接点等项目进行检测一次，并应做好相关检测记录。

3.6.6.4 质量标准：

1 安全监测设施应无锈蚀、缺失、损坏、动物筑巢和周边杂草丛生等现象。

2 水准点（测压管）保护墩应无褪色、起皮、损坏、冻胀（拔）等现象。

3 变形监测设施应符合以下要求：

（1）表面光学变形监测设施应无影响通视的树枝等障碍物，测点墩和基准墩结构应完整牢固，观测道路应畅通，测点标识牌和警示标志应完整。

（2）垂线装置应满足以下条件：

1）垂线观测房和测点处的照明设施工作状态应良好，无影响观测精度和监测设施长期稳定性的串风、渗水等情况。

2）倒垂支撑架和保护管应稳定、牢固，应无支架或仪器安装松动或损坏、油桶漏油、油桶中存在杂物、倒垂浮筒内油位不够、倒垂浮体装置倾斜或浮子碰壁等现象。

（3）双金属标装置应满足以下条件：

1）管体和测点装置应无变形，金属管连接应牢固、无锈蚀。

2）双金属标仪底座与端点混凝土基座的固定情况应良好，双金属标仪应定期进行检测，校验精度应满足安全监测技术规范要求。

（4）真空激光装置应断电维护，真空泵应及时加油，储水箱应保持箱内清洁，人工观测坐标仪如有隙动差应及时调整。

4 渗流监测设施应符合以下要求：

（1）测压管装置应满足以下条件：

1）测压管的孔口装置应牢固，防护有效；管内淤积或管体变形应不影响仪器的正常使用和监测。

2）有压测压管压力表的灵敏度、归零情况以及电测水位计的测尺精度应满足规范要求，刻度应清晰，电测水位尺蜂鸣器的工作状态应正常。

3）测压管的灵敏度和精度、测压管孔口高程、压力表中心高程、渗压计安装高程等，应满足规范要求。

（2）量水堰装置堰板前后一定尺度的堰体内侧应无影响水流的附着物、杂物和淤积物，水尺和堰板应牢固、无变形缺损，外观应干净整洁，刻度应清晰。

5 应力（压力）、应变及温度监测设施应符合以下要求：

（1）传感器电缆标识应清晰耐久，电缆敷设保护和屏蔽应有效，电缆线头应无氧化层，外漏部分保护标示应良好。

（2）集线箱的工作温度应满足设备使用要求，工作环境应清洁干燥，集线箱通道切换开关工作状况和指示档位应准确，复位应良好。

6 防雷设施应符合以下要求：

（1）防雷设施设备应运行正常，防腐涂层应完好。

（2）防雷设施每年1次的测试结果应合格。

3.6.7 道路积雪清除

3.6.7.1 工程部位:

坝顶路面、厂房溢洪道顶部区域、马道、上坝台阶和其他场内公路。

3.6.7.2 常见问题:

冬季雪后路面有积雪或结冰现象,影响行人行车安全。

3.6.7.3 养护要求:

1 雪后应尽快对清雪重点部位进行主要清理,恢复交通,包括:主坝、左副坝、厂房、溢洪道顶部区域(路面及电缆沟上部)、上坝公路、进厂公路、205马道及以上楼梯、左岸灌溉管下游上坡路面,其他道路可根据使用情况次要清理。

2 坝顶路面、上坝公路等较为平坦路面应使用机械清理,清雪机械上应有作业警示标志和夜间照明设备。

3 马道、楼梯台阶等部位应采取人工手持推雪板、铲雪锹等工具清雪,清除积雪和结冰。

4 清雪机械设备和手工工具不得在使用中损坏路面。

3.6.7.4 质量标准:

1 坝面、道路清雪以见路面本色为标准,应无明显积雪堆积。

2 清理后交通路面应能够保证车辆、行人正常通行,无安全隐患。

4 维　　修

4.1　一般规定

4.1.1　维修是指工程部位或设施发生较大损坏，为恢复其功能需要进行的施工作业。

4.1.2　尼尔基工程维修对象包括混凝土维修、混凝土拆除重建、土石坝裂缝维修、土石坝滑坡维修、坝坡维修、排水设施维修、电站厂房（溢洪道）墙体渗水维修、屋顶漏雨维修、大坝渗漏维修等。

4.1.3　应根据每周进行的巡视检查所发现的病害和问题进行维修。

4.1.4　制订涉及坝体维修方案时，应考虑渗漏、裂缝、滑坡等病害的综合维修。

4.1.5　维修项目的实施单位应由具有相应资质的施工队伍承担。

4.1.6　维修完成后应加强安全监测，必要时可按有关规定增设安全监测设施。

4.2　混凝土维修

4.2.1　混凝土渗漏裂缝维修

4.2.1.1　工程部位及常见问题：

防浪墙、溢洪道（电站）进出水渠、闸墩、边墙、泄槽底板、电站厂房、管理房的混凝土边墙、楼板、发电机蜗壳等部位出现裂缝、渗水现象。

4.2.1.2　技术处理措施：

1　裂缝渗漏处理宜在枯水期进行，可采用直接塞堵法、导渗止漏法和灌浆法等。

2　裂缝渗漏处理应先止漏后修补，静止裂缝即时进行修补，活动裂缝应先消除产生裂缝的成因，观察一段时间，确认已稳定后，再按照静止裂缝的处理方法进行修补。不能完全消除裂缝产生成因，但确认对结构、构件的安全性不构成危害时，可使用具有弹性或柔韧性较好的材料进行修补。

4.2.1.3 质量标准：

混凝土渗水裂缝已堵漏，裂缝完全封堵，施工完成后应恢复原结构外观，修补材料强度应不低于原混凝土设计强度。

4.2.2 混凝土表层裂缝维修

4.2.2.1 工程部位及常见问题：

工程各混凝土部位表层出现裂缝。

4.2.2.2 技术处理措施：

1 表层裂缝修补前应开展裂缝调查和裂缝成因分析。

2 应根据裂缝调查结果和成因分析结果，结合设计对水工建筑物提出的使用要求，对出现裂缝的水工建筑物作出是否修补或补强加固的判断。

3 表面裂缝宜采用喷涂法和粘贴法，修补宽度不大于 0.3mm 的表层微细裂缝；粘贴法分为表面粘贴法和开槽粘贴法两种，前者宜用于修补宽度不大于 0.3mm 的表层裂缝，后者宜用于修补宽度大于 0.3mm 的表层裂缝。

4.2.2.3 质量标准：

表层裂缝完全封堵，施工完成后应恢复原结构外观，修补材料强度应不低于原混凝土设计强度。

4.2.3 混凝土独立裂缝、贯穿性裂缝维修

4.2.3.1 工程部位及常见问题：

工程各混凝土部位出现独立裂缝或贯穿性裂缝。

4.2.3.2 技术处理措施：

1 独立裂缝或贯穿性裂缝在修补前应开展裂缝调查和裂缝成因分析。

2 根据裂缝调查结果和成因分析结果，结合设计对水工建筑

物提出的使用要求，对出现裂缝的水工建筑物作出是否修补或补强加固的判断。

3 灌浆法分为低压慢注法和压力注浆法两种，前者宜用于修补宽度为 0.2~1.5mm 静止的独立裂缝、贯穿性裂缝以及蜂窝状局部缺陷；后者宜用于修补大型结构贯穿性裂缝、大体积混凝土蜂窝状严重缺陷以及深而蜿蜒的裂缝。

4.2.3.3 质量标准：

独立裂缝或贯穿性裂缝完全封堵，施工完成后应恢复原结构外观，修补材料强度应不低于原混凝土设计强度。

4.2.4 混凝土冻融剥蚀维修

4.2.4.1 工程部位及常见问题：

溢洪道、电站厂房的进水渠、尾水渠闸墩、边墙、消力坎、泄槽段溢流面和控制段溢流堰等部位发生混凝土表面损坏、剥蚀（冻融）等现象，影响工程安全。

4.2.4.2 技术处理措施：

1 混凝土出现表面损坏、剥蚀（冻融）等现象时应及时进行检查，根据检查结果进行评估是否需要修补。

2 冻融剥蚀维修应以"凿旧补新"方式为主，即清除损伤的老混凝土，浇筑回填能满足特定耐久性要求的修补材料。

3 清除损伤的老混凝土时，应保证新旧混凝土接合强度的情况下尽量减少对周围完好混凝土损害，凿除厚度均匀，不应出现薄弱断面。

4 应选用工艺成熟、技术先进、经济合理的修补材料，并应按照有关规范和产品指南严格控制施工质量。

5 修理完成后应加强养护工作，以避免或延缓剥蚀现象的再次发生。

4.2.4.3 质量标准：

剥蚀部位松动混凝土已清除，施工完成后应恢复原结构外观，修补材料强度应不低于原混凝土设计强度。

4.2.5 混凝土磨损空蚀维修

4.2.5.1 工程部位及常见问题：

工程混凝土部位表面发生剥蚀、磨损等现象（易发生在溢洪道、发电厂房等过流部位）。

4.2.5.2 技术处理措施：

1 混凝土出现剥蚀、磨损、空蚀等现象时应及时进行检查，根据检查结果进行评估是否需要修补。

2 剥蚀维修应以"凿旧补新"方式为主，即清除损伤的老混凝土，浇筑回填能满足特定耐久性要求的修补材料。

3 清除损伤的老混凝土时，应保证新旧混凝土接合强度的情况下尽量减少对周围完好混凝土损害，凿除厚度均匀，不应出现薄弱断面。

4 应选用工艺成熟、技术先进、经济合理的修补材料，并应按照有关规范和产品指南严格控制施工质量。

5 修理完成后应加强养护工作，以避免或延缓剥蚀、磨损、空蚀、碳化现象的再次发生。

4.2.5.3 质量标准：

剥蚀部位松动混凝土已清除，施工完成后应恢复原结构外观，修补材料强度应不低于原混凝土设计强度。

4.2.6 混凝土面板维修

4.2.6.1 工程部位及常见问题：

混凝土面板护坡有裂缝、剥蚀、破损等现象。

4.2.6.2 技术处理措施：

1 面板局部裂缝或破损可采用水泥砂浆、环氧砂浆、H52系列特种涂料等防渗堵漏材料进行表面涂抹。

2 较宽的面板裂缝、伸缩缝止水破坏可采用表面粘补或凿槽嵌补方法进行修理。

3 挤压破坏修理应在变形趋于稳定后，凿除损坏的混凝土，采用与面板同等级混凝土修复。应同时在面板结构缝中填充柔性材料。

4 面板脱空应在分析论证后，采用合适的材料进行回填处理，脱空尚未引起面板损坏时，可采用钻孔充填掺加适量粉煤灰的水泥砂浆进行修补；脱空引起面板损坏时，应凿除损坏混凝土，并采用掺加一定比例水泥的改性垫层料回填，然后用同等级的混凝土修复面板。

4.2.6.3 质量标准：

混凝土面板裂缝、剥蚀、破损等现象已修复，施工完成后应恢复原结构外观，修补材料强度应不低于原混凝土设计强度。

4.2.7 混凝土路面维修

4.2.7.1 工程部位及常见问题：

坝顶路面、厂房溢洪道顶部区域、马道、上坝台阶和其他场内混凝土路面出现裂缝、坑洞、错台、破损现象。

4.2.7.2 技术处理措施：

1 裂缝维修：

（1）对宽度小于 3mm 的轻微裂缝，可采取扩缝灌浆。

（2）对贯穿全厚的 3～15mm 的中等裂缝，可采取条带罩面进行补缝。

（3）对宽度大于 15mm 的严重裂缝可采用全深度补块分集料嵌锁法。

2 坑洞维修：坑洞修补应根据不同情况采取相应措施进行。

（1）对个别的坑洞，应清除洞内杂物，用水泥砂浆等材料填充，达到平整密实。

（2）对较多坑洞且连成一片的，应采取薄层修补方法进行修补。

（3）对面积较大、深度在 3cm 以内的成片的坑洞，可用沥青混凝土进行修补。

3 错台维修：错台的处治方法有磨平法和填补法两种，可按错台的轻重程度选定。

4.2.7.3 质量标准：

混凝土路面裂缝、坑洞、错台、破损等问题已修复，路面平整度、强度应达到原设计要求。

4.2.8 素喷混凝土护坡维修

4.2.8.1 工程部位及常见问题：

溢洪道进水渠高程 210m 以下护坡、右岸灌溉洞进水口两侧护坡素喷混凝土护坡出现裂缝、剥蚀、破损、淘空现象。

4.2.8.2 技术处理措施：

1 素喷混凝土裂缝可参照 4.2.2 和 4.2.3 部分进行处理。

2 素喷混凝土出现剥蚀、磨损等现象时应及时进行检查，根据检查结果进行评估是否需要修补。

3 剥蚀维修应以"凿旧补新"方式为主，即清除损伤的老混凝土，浇筑回填能满足特定耐久性要求的修补材料。

4 清除损伤的老混凝土时，应做好和原来完好混凝土的接合，凿除厚度均匀，不应出现薄弱断面。

5 素喷混凝土剥蚀维修采用的混凝土强度指标应不低于原混凝土强度，素喷混凝土喷射方法通常有干喷法和湿喷法两种。

6 修理完成后应加强养护工作，以避免或延缓剥蚀、磨损现象的再次发生。

7 素喷混凝土出现淘空现象时可采取灌注混凝土补强，处理时应清理淘空部位风化岩石至新鲜岩石，必要时打上锚筋或布置钢筋网，或者进行固结灌浆，灌注混凝土时应适当进行振捣，确保混凝土密实。

4.2.8.3 质量标准：

素喷混凝土裂缝、剥蚀、破损、淘空等现象已修复，施工完成后应恢复原结构外观，修补材料强度应不低于原混凝土设计强度。

4.2.9 水下混凝土维修

4.2.9.1 工程部位及常见问题：

大坝迎水坡、电站厂房尾水、溢洪道尾水和消力池水面以下部位混凝土、混凝土面板有损坏、脱落现象。

4.2.9.2 技术处理措施：

1 水下修补前应开展水下调查工作，调查内容包括损坏部位、规模、程度及周边障碍、淤积等，难度较大的应聘请有相关资质的专业队伍开展工作。

2 水下作业应由具有相关资质的施工单位进行施工。

3 水下修补可采用潜水法或沉柜、侧壁沉箱、钢围堰法等。沉柜法宜用于水深 2.5~12.5m 水下结构水平段和缓坡段的修补；侧壁沉箱法宜用于水下结构的垂直段和陡坡段的修补；钢围堰法宜用于闸室等孔口部位的修补；潜水法可用于水下各类修补。

4.2.9.3 质量标准：

大坝迎水坡电站厂房尾水、溢洪道尾水和消力池水面以下混凝土（混凝土面板）施工后恢复原结构外观，修复后的混凝土强度等级应不低于原设计强度。

4.3 混凝土拆除重建

4.3.1 工程部位及常见问题：

工程各混凝土部位局部发生较严重的破损、裂缝、剥蚀和不均匀沉降等现象，严重影响结构安全，需要将损坏部位拆除重建。

4.3.2 技术处理措施：

1 拆除前应编制拆除方案，主要包括以下内容：

（1）拆除内容和范围。应对拆除部位进行详细调查，明确拆除范围大小，在保证将损坏部位全部拆除前提下，宜减少周围完好混凝土拆除量和对周围建筑扰动。

（2）拆除方法及机械设备。在明确拆除范围和拆除位置后，应选定合适的机械设备或人工设备配合进行拆除；对于较大面积混凝土部位应用挖掘机、破碎锤等机械设备进行拆除；在临近拆除范围边线时，应采用风镐等人工设备拆除，避免造成其他部位损坏。拆除过程中如遇到钢筋，应保留足够焊接长度，多余部分应采用气焊等方法切断后再进行拆除。

（3）安全保证措施。拆除前应将通向拆除部位附近的电缆、管道、供热管线等进行有效保护或者迁移；拆除现场应划定安全区域，设置安全围栏和警示标志，无关人员不得进入；拆除时应严格遵循自上而下作业程序，拆下的材料应根据大小设置流放槽或采用吊装起重机械稳妥吊下，严禁向下抛掷；特种作业人员应严格按照操作规程规范作业，大型机械设备拆除施工时现场应统一指挥，起重机信号指挥人员应按照有关规定进行作业；制定应急预案，一旦发生事故应立即启动应急响应。

（4）弃渣堆放运输。拆除前应明确弃渣堆放区域，拆除时应及时清理现场弃渣，过大混凝土块应进行二次粉碎，以便运输。

2 重建时处理措施

（1）基础面处理。拆除后的基础面应进行凿毛，并用鼓风机将表面碎石杂质清理干净。

（2）布设钢筋网。应按照原设计钢筋数量、尺寸和位置对已拆除部位进行钢筋焊接，重新布设钢筋网。

（3）安装模板。模板应按照原混凝土形状进行安装，模板安装过程中，必须保持足够的临时固定设施，以防倾覆。伸出混凝土外露面的拉杆宜采用端部可拆卸的结构型式。拉杆与锚环的连接必须牢固。支架应支承在周围坚实的地基或者混凝土上，并应有足够的支承面积。模板的面板应涂脱模剂。

（4）混凝土浇筑及养护。浇筑前，应按照规范要求留样做力学试验。混凝土浇筑应采取自下而上分层浇筑（大体积混凝土浇筑应采取分仓间隔浇筑，每仓分层浇筑），连续进行。根据相关规范要求，每层最大厚度应为软轴插入式振捣器工作长度的 1.25 倍；平板式振捣器分层厚度应为 20cm；当混凝土浇筑厚度小于 20cm 时，应采用人工振捣。混凝土的捣实应达到最大密实度，采用插入式振捣器振捣，每一位置的振捣时间应以混凝土不再显著下沉、不出气泡，并开始泛浆时为准，并应避免振捣过度。浇筑完成后 4～6h，应及时压出光面。混凝土养护时间应为 28d。

4.3.3 质量标准：

1 拆除施工质量应符合以下标准：

（1）拆除时应按照拆除范围将损坏部位完全拆除，不宜损害拆除范围外部的完好混凝土。

（2）对于已锈蚀的钢筋应切除或除锈处理，混凝土拆除后的钢筋应留有足够长度进行焊接。焊接时单面焊接搭接长度应为 $10d$，双面焊接搭接长度应为 $5d$（d 为钢筋直径）。

2 重建施工质量应符合以下标准：

（1）基础清理应符合规范要求，混凝土或岩石基础面应洁净、无乳皮、表面成毛面，无积渣杂物。

（2）布设钢筋网时，钢筋的数量、规格尺寸、安装位置应符合质量标准和现行规范的要求；钢筋接头的力学性能应符合规范要求和国家及行业有关规定；焊接接头和焊缝外观不得有裂缝、脱焊点、漏焊点，表面应平顺，没有明显的咬边、凹陷、气孔等，钢筋不应有明显烧伤；钢筋连接部分检验项目应符合原设计要求，且在允许偏差之内；保护层厚度、钢筋长度方向、钢筋间距应在允许偏差范围之内。

（3）模板制作安装时，滑模结构及其牵引系统应牢固可靠，便于施工，并应设有安全装置；模板及其支架应满足稳定性、刚度和强度要求；模板表面应处理干净，无任何附着物，表面光滑；防腐剂应涂抹均匀。

（4）重建所用混凝土强度应不低于原混凝土强度。

（5）混凝土面板浇筑时应连续，仓面混凝土不得出现初凝现象，外观应光滑平整；施工缝处理应按现行规范要求处理；铺筑厚度应符合规范要求；面板厚度应符合原设计要求，偏差不得大于设计尺寸的10%；混凝土养护应符合规范要求。

（6）混凝土面板外观的形体尺寸应符合原设计要求或允许偏差；重要部位不得出现缺损；表面平整度应符合原设计要求。

4.4　土石坝维修

4.4.1　土石坝裂缝维修

4.4.1.1　工程部位及常见问题：

主副坝坝体出现裂缝现象。

4.4.1.2　技术处理措施：

1　坝体裂缝深度小于3m的裂缝，可采用开挖回填法进行修理。若为沉陷裂缝，应待裂缝发展趋于稳定后采用。若库水位较高不易采用全部开挖回填或开挖有困难时，可采用开挖回填与下部充填式黏土灌浆相结合的方法处理。

2　深度大于3m的深层裂缝，可采用充填式黏土灌浆或采用上部开挖回填与下部充填式黏土灌浆相结合的方法处理。但滑坡主裂缝不宜采用灌浆法进行处理。

4.4.1.3　质量标准：

维修后坝体应无裂缝，回填土料压实度、孔隙率等应符合原设计标准。

4.4.2　土石坝坝体滑坡维修

4.4.2.1　工程部位及常见问题：

主副坝坝体出现滑坡现象。

4.4.2.2　技术处理措施：

1　维修原则。坝体滑坡修理宜用于已经发生且滑动已终止的滑坡，或经过临时抢护需进行永久性处理的滑坡。大坝滑坡应符合下列规定：

（1）凡因坝体渗漏引起的坝体滑坡，修理时应同时进行渗漏处理。

（2）滑坡处理前，应防止雨水渗入裂缝内。可用塑料薄膜等覆盖封闭滑坡裂缝，同时应在裂缝上方开挖截水沟，拦截和引走坝面的雨水。

2　维修方法。滑坡修理应根据滑坡类型、滑坡状况、滑坡成因、已采取的抢护措施、滑坡修理方法适用性等因素综合考虑，按

"上部削坡减载，下部压重固脚"的原则，可采用开挖回填、加培缓坡、压重固脚、混凝土防渗墙、导渗排水等多种方法进行综合处理。

4.4.2.3 质量标准：

1 主副坝坝体滑坡应已修复完成。

2 回填土料压实度、孔隙率等应符合原设计标准。

3 镇压台、压坡体和排水设施等应符合设计要求。

4.4.3 坝坡维修

4.4.3.1 工程部位及常见问题：

1 主副坝迎水面砌石护坡出现松动、塌陷、隆起、淘空、垫层流失等现象。

2 主副坝背水面碎石护坡出现堆石体底部垫层被冲刷现象。

3 溢洪道、电站进出水渠格宾石笼、铅丝石笼出现变形、断丝，内部石料及垫层出现坍塌、淘空等现象。

4.4.3.2 技术处理措施：

1 坝坡按照修理性质不同，可分为临时性紧急抢护和永久性加固处理。临时性紧急抢护可采用砂袋盖压、抛石、石笼、混凝土模袋等方法；永久性加固修理可采用填补翻修、干砌石黏结、混凝土盖面加固、混凝土框格加固、沥青渣油混凝土护坡等方法。

2 坝坡破坏经临时紧急抢修而趋于稳定后，应尽快进行永久性加固处理。宜首先考虑在现有基础上填补翻修，如填补翻修不足以防止局部破坏，可采取包括改变护坡形式在内的其他修理措施。

4.4.3.3 质量标准：

1 砌石护坡应砌筑紧密，嵌缝均匀，砌石应无松动、坍陷、架空等现象。

2 碎石护坡坡面应平顺，无雨淋沟、陡坎、洞穴、裂缝、陷坑等坑洼不平现象，无堆石体底部垫层被冲刷现象。

3 格宾石笼、铅丝石笼应无变形、断丝，结构应完好，无内部石料及垫层出现坍塌、淘空等现象。

4.4.4 大坝渗漏维修

4.4.4.1 工程部位及常见问题：

1 主副坝坝体出现渗漏现象。

2 主副坝坝基出现渗漏或坝肩出现绕坝渗漏现象。

4.4.4.2 技术处理措施：

1 大坝渗漏处理包括坝体渗漏处理、坝基渗漏处理与绕坝渗漏处理。当坝体与坝基或坝肩同时存在异常渗漏时，应结合具体渗漏情况进行综合处理。

2 渗漏处理应遵照"上截下排"的原则，采取截渗、导渗排水措施。

3 截渗可采用抛投细粒土料、加固上游黏土防渗铺盖、抽槽回填、铺设土工膜、套井回填、混凝土防渗墙、劈裂灌浆、高压喷射灌浆、帷幕灌浆、充填灌浆、级配料灌浆等方法。下游导渗排水可采用导渗沟、反滤层导渗等方法。

4.4.4.3 质量标准：

1 维修后坝体、坝基、坝肩应无渗漏现象。

2 维修后回填土料压实度、孔隙率等应符合原设计标准。

3 维修后护坡部位应按设计恢复原有护坡。

4.5 其他设施维修

4.5.1 屋顶彩钢瓦渗漏维修

4.5.1.1 工程部位及常见问题：

厂房、溢洪道启闭机室及其他管理站房屋顶彩钢瓦在春季积雪融化和夏秋汛期降雨季出现屋顶彩钢瓦渗漏情况。

4.5.1.2 技术处理措施：

1 在维修前应对彩钢瓦进行检查，明确渗漏原因及维修薄弱环节，制定维修方案。

2 对于破坏的屋面应直接进行焊接修补、粘接修补或者机械固定修补，对于洞口较小的可直接采用防水胶、密封胶填堵。

3 如果屋面变形较大，应以修补为主，更换为辅。确实有必要更换彩钢板时，更换的彩钢板规格尺寸宜保持与原先的一致，在处理板与板之间的搭接时，应严格，不得出现漏水点。

4 对于年久失修破损的部位，可以采用粘贴法修补，宜采用密封胶与铁板复合施工。

5 根据多年维修养护经验，可采用喷涂聚脲对彩钢瓦进行防水处理。

4.5.1.3 质量标准：

1 维修后厂房及其他管理站房屋顶彩钢瓦应无渗漏现象。

2 维修施工材料、工序、接缝处理等应符合原设计要求。

4.5.2 房屋保温防水维修

4.5.2.1 工程部位及常见问题：

发电厂中控室、保安房、厂房坝顶电梯井房、观测楼等建筑物屋面和内部墙面防水卷材年久老化失效，保温防水层失效，出现渗漏水及墙体阴湿脱皮等现象。

4.5.2.2 技术处理措施：

1 建筑外墙围护系统修缮前，应根据对建筑外墙围护系统进行现场调查、查勘和检测结果，编制现场书面评估报告，并应根据评估报告结果编制外墙围护系统专项修缮方案和施工设计。

2 外墙围护保温系统修缮应选用表层修补法修复。

3 防水层渗漏修缮施工应采用涂膜防水法。

4.5.2.3 质量标准：

发电厂中控室、保安房、厂房坝顶电梯井房、观测楼等建筑物屋面和内部墙面维修后应结构完好，保温防水指标应不低于原设计要求。

5 维修养护工程资料

5.1 一般规定

5.1.1 工程维修养护资料的归档应由项目责任部门负责，向公司档案管理部门提交验收资料正副本及复印件。所有归档材料可自行备份一份，供项目责任部门查阅使用。

5.1.2 工程养护资料为养护项目质量评定表（见表5.1.2），应按照各个部位养护频次和养护要求填写并及时整理归档。

表 5.1.2 养护项目通用验收表

养护项目名称			
养护单位			
工程量及养护概况			
验收意见			
养护单位	年 月 日	项目管理单位	年 月 日

5.1.3 工程维修资料应包括：项目立项审批程序、工程检查和隐患探测资料、招投标文件、维修项目施工日志、维修项目合同、维修项目方案及实施计划、原材料检测试验资料、质量考核（评）资料、维修工作总结报告及验收等资料。

5.1.4 维修养护工程资料应与维修养护项目实施进度同步管理，应确保资料真实、完整、准确、系统。

5.1.5 资料验收制备应由项目责任部门统一组织，施工单位应按照要求按时提交，并应对其提交资料的真实性承担相应责任。

5.2　工程资料收集、整理、归档

5.2.1 项目责任部门应负责对维修养护档案归档工作统一管理，施工单位整编的归档文件应经审核后统一建档封存，并应满足验收条件。

5.2.2 维修养护工程文件材料归档范围、保管期限和组卷编制等应符合《水利工程建设项目档案管理规定》（水办〔2021〕200号）和《尼尔基公司档案管理办法》（办综〔2019〕21号）要求。

附录1 一般工程维修推荐施工方法及质量标准

一、混凝土渗漏裂缝维修

（一）维修施工方法

混凝土渗漏裂缝维修通常采用化学灌浆，各工序施工质量验收评定见附表1.1-1~附表1.1-4；具体施工要求如下。

1. 裂缝化学灌浆修补工艺要点

渗水裂缝应首先采取内部灌浆填堵裂缝，随后对裂缝表面使用手刮聚脲等防护材料进行表面封闭。

2. 灌浆材料选择

灌浆材料应根据裂缝的类型选择，静止裂缝可选用水泥浆材、环氧浆材、高强水溶性聚氨酯浆材等；活动裂缝可选用弹性聚氨酯浆材等。

3. 灌浆孔距设置

宽度不小于0.2mm的裂缝，宜按200mm等间距设置灌浆孔；宽度小于0.2mm的裂缝，宜按100~150mm等间距设置灌浆孔。

4. 化学灌浆法施工流程

（1）裂缝调查。逐个调查裂缝走向，标明长度、编号、高程、桩号。

（2）缝面清理。详细检查、分析裂缝宽度、长度及走向，确定注浆孔位置及间距。渗水裂缝及开口大的（大于等于0.2mm）不渗水裂缝应沿缝表面开槽，缝槽内用快速堵漏剂临时堵水，先采用化学灌浆法进行第一道止水，保证施工作业面干燥。清理干净需要施工的区域，凿除混凝土表面析出物，确保表面干净。

（3）钻孔。使用电锤等钻孔工具沿裂缝走向骑缝布孔，根据缝宽和裂缝类型布置，缝越宽孔距越小，贯穿裂缝布孔应加密，一条缝应布置不少于3个灌浆嘴，灌浆嘴兼起排气嘴和出浆嘴作用。

（4）安装灌浆嘴。已经完成的钻孔在清洗过后，用特制定的灌浆嘴进行逐一安装，在安装过程中应注意灌浆嘴螺栓是否已复核灌浆承载压力。待整条裂缝灌浆嘴都已安装完毕后，进行检查，防止灌浆嘴松动，导致在灌浆过程中，灌浆嘴滑飞给施工作业人员带来安全隐患或伤害，以及灌浆材料外漏等一系列损失。

（5）灌浆。使用专用灌浆机向注浆孔内灌注化学灌浆材料。立面灌浆顺序为由下向上；平面可从一端开始，单孔逐一连续进行，排气孔全部出浆后，保持压力 10～20min，灌浆压力不大于0.2MPa，即可停止本孔灌浆，稳压30min可结束本孔灌浆，改注相邻灌浆孔。灌浆遵循"从低到高，从一边到另一边"的原则；交叉跳跃式灌浆，依据现场实际情况进行接力灌浆。

（6）拆嘴。注浆完毕，确认不漏即可去掉或敲掉外露的注浆嘴。清理干净已固化的溢漏出的注浆液。

（7）封孔口。采用封孔水泥砂浆对孔口进行封堵。

（8）表面处理。确保浆液在有压力的状态下将裂缝充填。灌浆结束后，待凝7d，采用聚脲在表面涂刷两道，厚度控制在1mm。

混凝土裂缝处理修复见附图1.1。

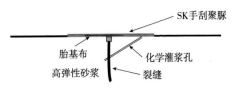

附图 1.1　混凝土裂缝处理修复示意图

5. 质量检查

灌浆结束 10d 后，进行压水试验，由设计或监理确定钻孔位置，钻孔深度和角度同灌浆孔，以 0.2MPa 压力水试验时裂缝不吸水，透水率小于 0.01Lu，检查孔应控制在 3%范围内。

（二）质量标准

裂缝修补化学灌浆质量标准按施工工序评定。

1. 封面处理及封堵材料

混凝土表面裂缝凿槽符合设计要求；封堵材料及方法符合设计

要求；混凝土基础面冲洗干净、无杂物，界面处理符合设计要求。

2. 钻孔

孔位孔深符合设计要求；混凝土基础面冲洗干净、无杂物，界面处理符合设计要求；孔斜、压气检测符合设计要求；施工记录齐全、准确、清晰。

3. 灌浆

灌浆材料、灌浆方式、灌浆压力和结束标准符合设计要求；特殊情况处理后不影响质量；封孔符合设计要求；施工记录齐全、准确、清晰。

4. 聚脲涂层

防水层厚度符合设计要求，喷涂平均厚度不低于设计要求，最薄处应达到设计厚度的 90%；防水层表面应干净、平整，无坠流、堆积现象，颜色均匀，无污物；保护层质量符合设计要求。

附表 1.1-1 混凝土渗漏裂缝施工单元质量验收评定表

工程名称、部位			施工日期	年 月 日— 年 月 日
项次		检验项目	工序质量验收评定等级	
主控项目	1	混凝土表面裂缝凿槽钻孔		
	2	封堵材料		
	3	封堵		
一般项目	1	混凝土基础面		
评定意见			工程质量等级	
检查项目____项符合质量标准，合格率为____%				
维修单位		年 月 日	项目管理单位	年 月 日

113

附表 1.1-2 钻孔工序施工质量验收评定表

工程名称、部位			施工日期		年 月 日—	年 月 日
项次		检验项目	质量要求	检查记录	合格数	合格率/%
主控项目	1	孔位	符合设计要求			
	2	孔深	符合设计要求			
一般项目	1	混凝土基础面	冲洗干净、无杂物，界面处理符合设计要求			
	2	孔斜	符合设计要求			
	3	压气检查	符合设计要求			
	4	施工记录	齐全、准确、清晰			
评定意见					工程质量等级	
检查项目___项符合质量标准，合格率为___%						
维修单位			年 月 日	项目管理单位		年 月 日

附表 1.1-3 灌浆工序施工质量验收评定表

工程名称、部位			施工日期	年 月 日— 年 月 日		
项次		检验项目	质量要求	检查记录	合格数	合格率/%
主控项目	1	灌浆材料	符合设计及规范要求			
	2	灌浆方式	符合设计要求			
	3	灌浆压力	符合设计要求			
	4	结束标准	符合设计要求			
一般项目	1	特殊情况处理	处理后不影响质量			
	2	封孔	符合设计要求			
	3	施工记录	齐全、准确、清晰			
评定意见				工程质量等级		
检查项目____项符合质量标准，合格率为____%						
维修单位		年 月 日	项目管理单位		年 月 日	

附表 1.1-4 聚脲封堵工序施工质量验收评定表

工程名称、部位				施工日期	年 月 日— 年 月 日		
项次		检验项目	质量要求	检查记录		合格数	合格率/%
主控项目	1	性能指标	防水涂料、底涂料、层间处理剂性能指标符合设计要求				
	2	喷涂厚度	不小于设计厚度				
一般项目	1	基层与基面处理	应干净、干燥、平整,不得有空鼓、松动、起砂、脱皮、油渍等缺陷				
	2	防水层与基层	应粘结牢靠,不得有针孔、气泡、空鼓、翘边、开口漏喷漏涂等缺陷				
	3	外观检查	表面干净平整,无流坠、堆积现象,颜色均匀,无污物				
评定意见					工程质量等级		
检查项目___项符合质量标准,合格率为___%							
维修单位			年 月 日	项目管理单位		年 月 日	

二、混凝土表层裂缝维修

（一）维修施工方法

1. 喷涂法

喷涂法施工应满足下列工艺：

（1）用钢丝刷或风沙枪清除表面附着物和污垢，并凿毛冲洗干净。

（2）用树脂类材料填混凝土表面气孔。混凝土表面凹凸不平的部位应先涂刷一层树脂基液，后用树脂砂浆抹平。

（3）喷涂或涂刷 2~3 遍。第一遍喷涂应采用经稀释的涂料。涂膜总厚度应大于 1mm。

2. 粘贴法

（1）表面粘贴法施工应满足下列工艺要求：

1）用钢丝刷或风砂枪清除表面附着物和污垢，并凿毛、冲洗干净。

2）粘贴片材前使基面干燥，并涂刷一层胶粘剂，再加压粘贴刷有胶粘剂的片材。

（2）开槽粘贴法施工应满足下列工艺要求：

1）凿矩形槽槽宽 180~200mm、槽深 20~40mm、槽长超过缝端 150mm，并清洗干净。

2）槽面涂刷一层树脂基液，再用树脂基砂浆找平。

3）沿缝铺设 50~60mm 宽的隔离膜，再在隔离膜两侧干燥基面上涂刷胶粘剂，粘贴刷有胶粘剂的片材，并用力压实。

4）槽两侧面涂刷一层胶粘剂，回填弹性树脂砂浆，并压实抹光。回填后表面应与原混凝土面齐平。

（二）质量标准

1. 喷涂法

混凝土裂缝喷涂法施工质量验收评定见附表 1.2-1 和附表 1.2-2，并应满足以下要求：

（1）裂缝冲洗干净、无杂物，界面处理符合设计要求。

（2）树脂砂浆抹平度符合设计要求。

（3）涂膜厚度符合设计要求。

2. 粘贴法

混凝土裂缝粘贴法施工质量验收评定见附表 1.2-3 和附表 1.2-4，并应满足以下要求：

（1）凿槽长、宽、深符合设计要求。

（2）树脂砂浆抹平度符合设计要求。

（3）隔离膜铺设符合设计要求，片材粘贴压实。

（4）树脂砂浆与原混凝土面齐平。

附表 1.2-1　混凝土裂缝喷涂法施工单元质量验收评定表

工程名称、部位			施工日期	年　月　日—　年　月　日		
项次		检验项目	工序质量验收评定等级			
主控项目	1	混凝土表面裂缝清理				
	2	树脂砂浆抹平				
	3	涂抹厚度				
一般项目	1	混凝土基础面				
评定意见				工程质量等级		
检查项目___项符合质量标准，合格率为___%						
维修单位			年　月　日	项目管理单位		年　月　日

附表 1.2-2 喷涂法施工质量验收评定表

工程名称、部位			施工日期		年 月 日— 年 月 日	
项次		检验项目	质量要求	检查记录	合格数	合格率/%
主控项目	1	性能指标	材料性能指标应符合设计要求			
	2	喷涂厚度	厚度应符合设计要求			
一般项目	1	基层与基面处理	应干净、干燥,凿槽长、宽符合设计要求			
	2	喷涂材料	应黏结牢靠,不得有针孔、气泡、空鼓、翘边、开口漏喷漏涂等缺陷			
	3	外观检查	表面应干净平整,颜色均匀,无污物			
评定意见				工程质量等级		
检查项目___项符合质量标准,合格率为___%						
维修单位 年 月 日			项目管理单位		年 月 日	

附表 1.2-3　混凝土裂缝粘贴法施工单元质量验收评定表

工程名称、部位			施工日期	年　月　日—　　年　月　日		
项次		检验项目	工序质量验收评定等级			
主控项目	1	混凝土表面裂缝凿槽				
	2	修补材料				
	3	粘贴材料				
一般项目	1	混凝土基础面				
评定意见				工程质量等级		
检查项目___项符合质量标准，合格率为___%						
维修单位		年　月　日	项目管理单位		年　月　日	

120

附表 1.2-4　粘贴法施工质量验收评定表

工程名称、部位			施工日期		年　月　日—	年　月　日
项次		检验项目	质量要求	检查记录	合格数	合格率/%
主控项目	1	性能指标	材料性能指标应符合设计要求			
	2	喷涂厚度	厚度应符合设计要求			
一般项目	1	基层与基面处理	应干净、干燥、平整，不得有空鼓、松动、起砂、脱皮、油渍等缺陷			
	2	粘贴材料	应粘结牢靠，不得有针孔、气泡、空鼓、翘边、开口漏喷漏涂等缺陷			
	3	外观检查	表面应干净平整，颜色均匀，无污物			
评定意见				工程质量等级		
检查项目＿＿＿项符合质量标准，合格率为＿＿＿%						
维修单位		年　月　日	项目管理单位		年　月　日	

三、混凝土独立裂缝、贯穿性裂缝维修

(一) 维修施工方法

（1）独立裂缝和贯穿性裂缝通常采用灌浆法，对于修补宽度为 0.2~1.5mm 的裂缝通常采用低压慢注法，对于大型结构贯穿性裂缝采用压力注浆法。

（2）灌浆材料应根据裂缝的类型选择，静止裂缝可选用水泥浆材、环氧浆材、高强水溶性聚氨酯浆材等；活动裂缝可选用弹性聚氨酯浆材等。

（3）宽度不小于 0.2mm 的裂缝，宜按 200mm 等间距设置灌浆孔；宽度小于 0.2mm 的裂缝，宜按 100~150mm 等间距设置灌浆孔。

（4）灌浆法施工应满足下列工艺要求：

1）按设计要求布置灌浆孔。

2）钻孔、洗孔、埋设灌浆管。

3）沿裂缝凿宽、深均为 50~60mm 的 V 形槽，并清洗干净，在槽内涂刷基液，用砂浆嵌填封堵。

4）压水检查。孔口压力为 50%~80% 设计灌浆压力，宜为 0.2~0.4MPa。

5）垂直裂缝和倾斜裂缝灌浆应从深到浅、自下而上进行；接近水平状裂缝灌浆可从低端或吸浆量大的孔开始；灌浆压力宜为 0.2~0.5MPa，当进浆顺利时，可适当降低灌浆压力。

6）灌浆结束封孔时的吸浆量应小于 0.02L/5min。

7）在浆材固化强度达到设计要求后，再钻检查孔进行压水试验，检查孔单孔吸水量应小于 0.01L/min，不合格时应补灌。

(二) 质量标准

（1）封面处理及封堵材料。混凝土表面裂缝凿槽符合设计要求；封堵材料及方法符合设计要求；混凝土基础面冲洗干净、无杂物，界面处理符合设计要求。裂缝施工质量验收评定见附表 1.3-1。

（2）钻孔。孔位孔深符合设计要求；混凝土基础面冲洗干净、无杂物，界面处理符合设计要求；孔斜、压气检测符合设计要求；施工记录齐全、准确、清晰。钻孔施工质量验收评定见附表1.3-2。

（3）灌浆。灌浆材料、灌浆方式、灌浆压力和结束标准符合设计要求；特殊情况处理后不影响质量；封孔符合设计要求；施工记录齐全、准确、清晰。灌浆施工质量验收评定见附表1.3-3。

附表1.3-1　混凝土裂缝施工单元质量验收评定表

工程名称、部位			施工日期	年　月　日—　年　月　日	
项次		检验项目	工序质量验收评定等级		
主控项目	1	混凝土表面裂缝凿槽钻孔			
	2	封堵材料			
	3	封堵			
一般项目	1	混凝土基础面			
评定意见				工程质量等级	
检查项目___项符合质量标准，合格率为___%					
维修单位　　　　　　　年　月　日			项目管理单位	年　月　日	

123

附表1.3-2 钻孔工序施工质量验收评定表

工程名称、部位				施工日期	年 月 日— 年 月 日		
项次		检验项目	质量要求	检查记录		合格数	合格率/%
主控项目	1	孔位	符合设计要求				
	2	孔深	符合设计要求				
一般项目	1	混凝土基础面	冲洗干净、无杂物，界面处理符合设计要求				
	2	孔斜	符合设计要求				
	3	压气检查	符合设计要求				
	4	施工记录	齐全、准确、清晰				
评定意见					工程质量等级		
检查项目___项符合质量标准，合格率为___%							
维修单位			年 月 日	项目管理单位			年 月 日

附表 1.3-3　灌浆工序施工质量验收评定表

工程名称、部位			施工日期			年　月　日—	年　月　日

项次		检验项目	质量要求	检查记录	合格数	合格率/%
主控项目	1	灌浆材料	符合设计及规范要求			
	2	灌浆方式	符合设计要求			
	3	灌浆压力	符合设计要求			
	4	结束标准	符合设计要求			
一般项目	1	特殊情况处理	处理后不影响质量			
	2	封孔	符合设计要求			
	3	施工记录	齐全、准确、清晰			

评定意见	工程质量等级
检查项目___项符合质量标准，合格率为___%	

维修单位		项目管理单位	
	年　月　日		年　月　日

四、混凝土冻融剥蚀维修

(一) 维修施工方法

1. 混凝土剥蚀（含冻融）维修

常用剥蚀修补材料及修补层厚度范围见附表 1.4-1 和附表 1.4-2。

附表 1.4-1　大面积剥蚀修补材料与修补层厚度范围

混凝土或砂浆种类	修补厚度/mm	
	上限	下限
混凝土		30
水泥砂浆	40	20
聚合物水泥混凝土		30
聚合物水泥砂浆	40	10
树脂混凝土	40	15
树脂砂浆	15	5

附表 1.4-2　小面积剥蚀修补材料与修补层厚度范围

混凝土或砂浆种类	修补厚度/mm	
	上限	下限
聚合物水泥砂浆	25	12
环氧砂浆	12	6
聚酯树脂砂浆	12	6

冻融剥蚀修补材料可选用水泥基修补材料和树脂基修补材料等：冻融剥蚀修补材料的抗冻等级应符合 SL 191—2008《水工混凝土结构设计规范》的规定。配制抗冻混凝土及砂浆所用原材料除应符合 SL 677—2014《水工混凝土施工规范》的规定外，还应符合下列要求：

（1）应选用强度等级不低于 42.5 的硅酸盐水泥、普通硅酸盐水泥。

（2）应掺用引气剂和减水剂，质量应符合 GB 8076—2008《混凝土外加剂》的规定。

（3）可掺用硅粉或Ⅰ级粉煤灰，硅粉应符合能源部水利部水规科〔1991〕10 号文批复的《水工混凝土硅粉品质标准暂行规定》的规定，粉煤灰应符合 GB 1596—2017《用于水泥和混凝土中的粉煤灰》的规定，粉煤灰和硅粉的掺量应通过试验确定。

（4）砂的细度模数宜为 2.3~3.0。骨料中含有活性骨料成分时，应进行专门试验论证。混凝土、砂浆的配合比应通过试验确定，抗冻性能试验应按 SL 352—2006《水工混凝土试验规程》的规定执行。对不具备抗冻试验条件的小规模修补工程，其混凝土的含气量、水灰比应按 SL 211—2006《水工建筑物抗冰冻设计规范》的规定选用，抗冻砂浆的含气量不应低于 7%。

2. 喷涂聚脲施工法

喷涂聚脲施工法可用于进水渠、尾水渠闸墩边墙冻融剥蚀维修，具体方法如下。

（1）基础面处理。将表面杂质清理干净，将松动的混凝土块凿除。有钢筋锈蚀情况应用钢丝刷清除钢筋表面锈蚀物，然后涂刷锈蚀剂，并且清洗 3~4 遍，直到钢筋露出锈蚀前的状态。混凝土表面可采用风镐机凿毛和人工凿毛，在无法使用风镐机的部位必须使用人工凿毛。凿毛后应全部露出新鲜混凝土。清除混凝土凿毛面的杂物，用水清洗干净混凝土表面，但不得积水。

（2）打孔置锚栓。人工使用风钻在已放好孔样的墩体上打孔，清洗孔内浮渣，置入钢筋，然后使用环氧树脂砂浆对锚栓孔进行封堵。考虑到钢板安装时需要利用锚筋，所以选用环氧树脂砂浆充孔。环氧树脂砂浆可以增加锚筋的握裹力和拉拔力，并增强界面的抗剪强度。

（3）混凝土浇筑。采用符合设计要求的混凝土，分层入仓浇筑，面层凝结后，应及时覆盖，开始洒水养护，养护时间至少28d以上。

（4）钢板安装、接触灌浆及防腐工程。将制作好的钢板加工成所需要的尺寸及形状，焊接在锚栓上，灌浆前在钢板上端预留灌浆孔，灌浆采用自上而下的方法，用吊罐将浆液吊至工作平台后用高压喷枪将浆液喷入缝隙中。用角磨机除去钢板表面铁锈、氧化皮及其他杂渍。底层刷附水溶性无机富锌材料，涂层厚度 $10\mu m$，面层可刷附聚氨酯面漆，涂层厚度 $60\mu m$。

（5）聚脲喷涂。针对现场情况，采用喷砂机对混凝土基层进行喷砂处理，要求清除所有松动物、混凝土浮浆及污染物。

基层喷砂处理完毕后，在混凝土基层上涂布基层处理底涂，可采用人工滚涂，要求涂布均匀，无漏涂、无堆积。

底漆层施工完成后，与喷涂聚脲作业的间隔时间不应超过生产厂商的规定，一般在聚氨酯底涂施工完成 2~4 h 后、24h 前进行聚脲喷涂。

（二）质量标准

混凝土剥蚀（含冻融）维修质量标准按施工工序评定，其质量验收评定见附表1.4-3～附表1.4-9。

（1）基面清理。垫层坡面符合设计要求；基础清理符合设计要求；混凝土基础面洁净，无乳皮，表面成毛面，无积渣杂物。

（2）钻孔植筋。锚孔位置、间距符合原设计要求；锚孔直径、锚固深度经拉拔试验后满足设计要求；植入锚筋时锚孔清洁、无渣屑。

（3）布设钢筋网。钢筋的数量、规格尺寸、安装位置符合质量标准和设计要求；钢筋接头的力学性能符合规范要求和国家及行业有关规定；焊接接头和焊缝外观不允许有裂缝、脱焊点、漏焊点，表面平顺，没有明显的咬边、凹陷、气孔等，钢筋不应有明显烧伤；钢筋连接部分检验项目符合设计要求且在允许偏差之内；保护层厚度、钢筋长度、钢筋间距在允许偏差范围之内。

（4）模板制作安装。滑模结构及其牵引系统牢固可靠，便于施工，并应设有安全装置；模板及其支架满足设计稳定性、刚度和强度要求；模板表面处理干净，无任何附着物，表面光滑；防腐剂涂抹均匀；滑模及滑模轨道制作及安装部分检测项目满足允许偏差。

（5）混凝土面板浇筑。混凝土浇筑连续，不允许仓面混凝土出现初凝现象，外观光滑平整；施工缝按设计要求处理；无贯穿性裂缝，出现裂缝按设计要求处理；铺筑厚度符合规范要求；面板厚度符合设计要求，偏差不得大于设计尺寸的10%；混凝土养护符合原设计要求。

（6）混凝土面板外观。形体尺寸符合原设计要求或允许偏差符合设计要求；重要部位不允许出现缺损；表面平整度符合原设计要求。

（7）聚脲涂层。防水层厚度符合设计要求，喷涂平均厚度不低于设计要求，最薄处应达到设计厚度的90%；防水层表面应干净、平整，无坠流、堆积现象，颜色均匀；保护层质量符合原设计要求。

附表 1.4-3　混凝土剥蚀施工单元质量验收评定表

工程名称、部位		施工日期	年　月　日—　　年　月　日	
项次	工序名称（或编号）	工序质量验收评定等级		
1	混凝土基础面处理			
	混凝土施工缝面处理			
2	模板制作及安装			
3	预埋件制作及安装			
4	混凝土浇筑			
5	混凝土外观质量			
6	聚脲喷涂			
评定意见			工程质量等级	
检查项目＿＿项符合质量标准，合格率为＿＿%				
维修单位		年　　月　　日	项目管理单位	年　　月　　日

130

附表 1.4-4　混凝土基础面、施工缝面处理工序施工质量验收评定表

工程名称、部位				施工日期		年　月　日—		年　月　日
项次		检验项目	质量要求	检查记录		合格数		合格率/%
基础面	主控项目	1　岩基	符合设计要求					
		软基	预留保护层已挖除；基础面符合设计要求					
		2　地表水和地下水	妥善引排或封堵					
	一般项目	1　岩面清理	符合设计要求；清洗洁净，无积水，无积渣杂物					
施工缝面处理	主控项目	1　施工缝面凿毛	刷毛或冲毛，无乳皮，表面成毛面					
	一般项目	1　施工缝面清理	符合设计要求；清洗洁净，无积水，无积渣杂物					

评定意见		工程质量等级
检查项目＿＿＿项符合质量标准，合格率为＿＿＿%		
维修单位　　　　　　　年　月　日		项目管理单位　　　　　　　年　月　日

附表 1.4-5 混凝土外观质量检查工序施工质量验收评定表

工程名称、部位				施工日期	年 月 日— 年 月 日		
项次	检验项目		质量要求	检查记录		合格数	合格率/%
主控项目	1	稳定性、刚度和强度	符合模板设计要求				
	2	结构物边线与设计边线	钢模：允许偏差 0~+10mm； 木模：允许偏差 0~+15mm				
	3	结构物水平断面内部尺寸	允许偏差±20mm				
	4	承重模板标高	允许偏差±5mm				
一般项目	1	相邻两板面错台	外露表面	钢模：允许偏差 2mm； 木模：允许偏差 3mm			
			隐蔽内面	允许偏差 5mm			
	2	局部不平整度	外露表面	钢模：允许偏差 3mm； 木模：允许偏差 5mm			
			隐蔽内面	允许偏差 10mm			

项次		检验项目		质量要求	检查记录	合格数	合格率/%
一般项目	3	板面缝隙	外露表面	钢模：允许偏差1mm；木模：允许偏差2mm			
			隐蔽内面	允许偏差2mm			
	4	模板外观		规格符合设计要求；表面光洁，无污物			
	5	预留孔、洞尺寸边线		钢模：允许偏差0~+10mm；木模：允许偏差0~+15mm			
	6	预留孔、洞中心位置		允许偏差±10mm			
	7	脱模剂		质量符合标准要求，涂抹均匀			

评定意见	工程质量等级
检查项目___项符合质量标准，合格率为___%	

维修单位	项目管理单位
年　月　日	年　月　日

133

附表 1.4-6 混凝土预埋件制作及安装工序施工质量验收评定表

工程名称、部位				施工日期	年 月 日— 年 月 日		
项次		检验项目	质量要求	检查记录		合格数	合格率/%
止水片、止水带	主控项目	1 (带) 外观	表面平整, 无浮皮、锈污、油溃、砂眼、钉孔、裂纹等				
		2 基座	符合设计要求 (按基础面要求验收合格)				
		3 片(带)插入深度	符合设计要求				
		4 沥青井 (柱)	位置准确、牢固,上下层衔接好,电热元件及绝热材料埋设准确,沥青填塞密实				
		5 接头	符合工艺要求				
	一般项目	1 片(带)偏差 宽	允许偏差±5mm				
		高	允许偏差±2mm				
		长	允许偏差±20mm				
		2 搭接长度 金属止水片	≥20mm, 双面焊接				
		橡胶、PVC止水带	≥100mm				
		金属止水片与PVC止水带接头栓接长度	≥350mm (螺栓栓接法)				
		3 片(带)中心线与接缝中心线安装偏差	允许偏差±5mm				

134

	项次		检验项目	质量要求	检查记录	合格数	合格率/%
伸缩缝（填充材料）	主控项目	1	伸缩缝缝面	平整、顺直、干燥，外露铁件应割除，确保伸缩有效			
	一般项目	1	涂敷沥青料	涂刷均匀平整，与混凝土黏结紧密，无气泡及隆起现象			
		2	黏贴沥青油毛毡	铺设厚度均匀平整，牢固，搭接紧密			
		3	铺设预制油毡板或其他闭缝板	铺设厚度均匀平整，牢固，相邻块安装紧密平整无缝			
排水系统	主控项目	1	孔口装置	按设计要求加工、安装，并进行防锈处理，安装牢固，不应有渗水、漏水现象			
		2	排水管通畅性	通畅			
	一般项目	1	排水孔倾斜度	允许偏差4%			
		2	排水孔（管）位置	允许偏差100mm			
		3	基岩排泄水孔 倾斜度 孔深不小于8m	允许偏差1%			
			基岩排泄水孔 倾斜度 孔深小于8m	允许偏差2%			
			基岩排泄水孔 深度	允许偏差±0.5%			

项次			检验项目	质量要求	检查记录	合格数	合格率/%
冷却及灌浆管路	主控项目	1	管路安装	安装牢固、可靠，接头不漏水、不漏气、无堵塞			
	一般项目	1	管路出口	露出模板外300～500mm，妥善保护，有识别标志			
铁件	主控项目	1	高程、方位、埋入深度及外露长度等	符合设计要求			
	一般项目	1	铁件外观	表面无锈皮、油污等			
		2	锚筋钻孔位置 梁、柱的锚筋	允许偏差20mm			
			锚筋钻孔位置 钢筋网的锚筋	允许偏差50mm			
		3	钻孔底部的孔径	锚筋直径 d+20mm			
		4	钻孔深度	符合设计要求			
		5	钻孔的倾斜度相对设计轴线	允许偏差5%（在全孔深度范围内）			

评定意见	工程质量等级
检查项目___项符合质量标准，合格率为___%	

维修单位		项目管理单位	
	年　月　日		年　月　日

136

工程名称、部位				施工日期	年　月　日—	年　月　日	
项次		检验项目	质量要求	检查记录	合格数	合格率/%	
混凝土铺筑碾压	主控项目	1 碾压参数	应符合碾压试验确定的参数值				
		2 运输、卸料、平仓和碾压	符合设计要求,卸料高度不大于1.5m;迎水面防渗范围平仓与碾压方向不允许与坝轴线垂直,摊铺至碾压间隔时间不宜超过2h				
		3 层间允许间隔时间	符合允许间隔时间要求				
		4 控制碾压厚度	满足碾压试验参数要求				
		5 混凝土压实密度	符合规范或设计要求				
	一般项目	1 碾压条带边缘的处理	搭接20~30cm宽度与下一条同时碾压				
		2 碾压搭接宽度	条带间搭接10~20cm;端头部位搭接不少于100cm				
		3 碾压层表面	不允许出现骨料分离				
		4 混凝土养护	仓面保持湿润,养护时间符合要求,仓面养护到上层碾压混凝土铺筑为止				

137

项次			检验项目	质量要求	检查记录	合格数	合格率/%
变态混凝土	主控项目	1	灰浆拌制	由水泥与粉煤灰并掺用外加剂拌制，水胶比宜不大于碾压混凝土的水胶比，保持浆体均匀			
		2	灰浆铺洒	加浆量满足设计要求，铺洒方式符合设计及规范要求，间歇时间低于规定时间			
		3	振捣	符合规定要求，间隔时间符合规定标准			
	一般项目	1	与碾压混凝土振碾搭接宽度	应大于20cm			
		2	铺层厚度	符合设计要求			
		3	施工层面	无积水，不允许出现骨料分离；特殊地区施工时空气温度应满足施工层面需要			
评定意见						工程质量等级	
检查项目___项符合质量标准，合格率为___%							
维修单位				年　　月　　日	项目管理单位	年　　月　　日	

138

附表 1.4-8　混凝土模板制作及安装工序施工质量验收评定表

工程名称、部位			施工日期	年　月　日— 年　月　日		
项次	检验项目	质量要求	检查记录	合格数	合格率/%	
主控项目	1	有平整度要求的部位	符合设计及规范要求			
	2	形体尺寸	符合设计要求或允许偏差±20mm			
	3	重要部位缺损	不允许出现缺损			
一般项目	1	表面平整度	每2m偏差不大于8mm			
	2	麻面/蜂窝	麻面、蜂窝累计面积不超过0.5%。经处理符合设计要求			
	3	孔洞	单个面积不超过0.01m^2，且深度不超过骨料最大粒径。经处理符合设计要求			
	4	错台、跑模、掉角	经处理符合设计要求			
	5	表面裂缝	短小、深度不大于钢筋保护层厚度的表面裂缝经处理符合设计要求			
评定意见				工程质量等级		
检查项目＿＿＿项符合质量标准，合格率为＿＿＿%						
维修单位		年　月　日	项目管理单位		年　月　日	

附表 1.4-9　聚脲封堵工序施工质量验收评定表

工程名称、部位				施工日期	年　月　日— 年　月　日		
项次		检验项目	质量要求	检查记录		合格数	合格率/%
主控项目	1	性能指标	防水涂料、底涂料、层间处理剂性能指标符合设计要求				
	2	喷涂厚度	不小于设计厚度				
一般项目	1	基层与基面处理	应干净、干燥、平整，不得有空鼓、松动、起砂、脱皮、油渍等缺陷				
	2	防水层与基层	应黏结牢靠，不得有针孔、气泡、空鼓、翘边、开口漏喷漏涂等缺陷				
	3	外观检查	表面干净平整，无流坠、堆积现象，颜色均匀，无污物				
评定意见					工程质量等级		
检查项目___项符合质量标准，合格率为___%							
维修单位　　　　　　　　　　年　　月　　日				项目管理单位　　　　　　　　　年　　月　　日			

140

五、混凝土磨损空蚀维修

(一) 维修施工方法

环氧砂浆修复法适用于普通混凝土及溢洪道泄槽段等部位的混凝土剥蚀维修，根据不同部位和修补厚度可采用不同修补材料，具体方法如下。

1. 基础面处理

用电动角磨机去除混凝土表面的污染物、薄弱层、松散颗粒，直至混凝土表面外露新鲜、密实的骨料。再用钢丝刷和高压风清除表面砂粒、粉尘，基面清理干净后，对局部潮湿的基面还需进行干燥处理，干燥处理采用喷灯烘干。

2. 底层基液涂刷

基液拌制后，用毛刷均匀地涂在基面上，要求基液刷得尽可能薄而均匀、不流淌、不漏刷。基液拌制应现拌现用，以免因时间过长而影响涂刷质量，造成材料浪费和黏结质量降低。

3. 涂抹环氧砂浆

将拌制好的环氧砂浆用抹刀按设计要求的厚度涂抹到已刷好基液的基面上，涂抹时尽可能同方向连续摊料，并注意衔接处压实排气。边涂抹边压实找平，表面提浆。涂层压实提浆后，间隔一段时间，再次抹光，表面不得有连接缝和下滑现象。用于小面积混凝土表层修补时，要先将砂浆用力摊铺压实，然后用抹刀拍打出浆，对边角接缝处要反复找平。必要时，用拍打出来的浆液填充细微接缝，并反复压实，消除缝荏。环氧砂浆修复的边缘采用切割埋入混凝土的方式，当表面不平整度超过 20mm 时，采用 1：30 的斜坡平顺连接。

4. 施工面养护

施工面养护期为 14d，一般为自然养护。施工完毕 7d 内的环氧砂浆面应避免硬物撞击、刮擦，尽量避免阳光直射等。

（二）质量标准

混凝土磨损空蚀施工质量验收评定见附表 1.5-1，修复法施工质量验收评定见附表 1.5-2。

（1）基面清理。基础清理符合设计要求；混凝土基础面洁净、无乳皮，表面成毛面，无积渣杂物。

（2）涂抹砂浆。底层基液和环氧砂浆涂抹满足设计要求。

（3）混凝土面板外观。形体尺寸符合原设计要求；重要部位不允许出现缺损；表面平整度符合原设计要求。

附表 1.5-1 混凝土磨损空蚀施工单元质量验收评定表

工程名称、部位			施工日期	年 月 日— 年 月 日	
项次		检验项目	工序质量验收评定等级		
主控项目	1	混凝土表面基础面处理			
	2	底层基液涂刷			
	3	涂抹环氧砂浆			
一般项目	1	混凝土基础面			
评定意见				工程质量等级	
检查项目___项符合质量标准，合格率为___%					
维修单位			年 月 日	项目管理单位	年 月 日

142

附表 1.5-2　修复法施工质量验收评定表

工程名称、部位			施工日期	年　月　日— 年　月　日		
项次		检验项目	质量要求	检查记录	合格数	合格率/%
主控项目	1	性能指标	材料性能指标符合设计要求			
	2	喷涂厚度	厚度符合设计要求			
一般项目	1	基层与基面处理	应干净、干燥、平整，不得有空鼓、松动、起砂、脱皮、油渍等缺陷			
	2	涂抹材料	应黏结牢靠，不得有针孔、气泡、空鼓、翘边、开口漏喷漏涂等缺陷			
	3	外观检查	表面干净、平整、颜色均匀，无污物			
评定意见				工程质量等级		
检查项目___项符合质量标准，合格率为___%						
维修单位		年　月　日		项目管理单位	年　月　日	

六、混凝土面板维修

（一）维修施工方法

1. 施工工艺

环氧砂浆进行表面涂抹修理裂缝时，施工应满足下列工艺要求：

（1）沿裂缝凿槽，槽深 10~20mm，槽宽 50~100mm，槽面应平整，并清洗干净，无尘粉，无软弱带，坚固密实，待干燥后用丙酮涂抹一遍。

（2）涂抹环氧砂浆前，应先在槽面用毛刷均匀涂刷一层环氧基液薄膜；基液涂刷后应注意保护，严防灰尘、杂物掉入；待基液中的气泡消除后，再涂抹环氧砂浆，间隔时间宜为 30~60min。

（3）环氧砂浆应分层均匀铺摊，每层厚度 5~10mm，用铁抹反复用力压抹，使其表面翻出浆液，如有气泡应刺破压实；表面用烧热（不应发红）的铁抹压实抹光，应与原混凝土面齐平，接合紧密。

（4）环氧砂浆压填完后，应在表面覆盖塑料布及模板，再用重物加压，使环氧砂浆与混凝土接合完好，并应注意养护，控制温度，养护温度宜为 20℃左右，避免阳光直射。

2. 混凝土面板凿槽嵌补

较宽的面板裂缝、伸缩缝止水破坏可采用表面粘补或凿槽嵌补方法进行修理。混凝土面板凿槽嵌补应符合下列规定：

（1）嵌补材料应根据裂缝和伸缩缝的具体情况确定，可选用PV 密封膏、聚氯乙烯胶泥、沥青油膏等材料。

（2）嵌补前应沿混凝土裂缝或伸缩缝凿槽，槽的形状和尺寸根据裂缝位置和所选用的嵌补材料而定；槽内应冲洗干净，再用高标号水泥砂浆抹平，干燥后进行嵌补。

（3）采用 PV 密封膏嵌补时，施工应满足下列工艺要求：

1）混凝土表面应保持干燥、平整、密实，无油污、浮灰。

2）嵌填密封膏前，应先用毛刷薄薄涂刷一层 PV 黏结剂，待黏结剂基本固化后嵌填密封膏。

3）密封膏分 A、B 两组，各组应先搅拌均匀，按需要数量分别量称，倒入容器（量杯或桶）中搅拌，搅拌时速度不宜过快，并应按同一方向旋转；搅拌均匀后即可嵌填。

4）嵌填时应将密封膏从下至上挤压入缝内；待密封膏固化后，再在密封膏表面涂刷一层面层保护胶。

（二）质量标准

1. 环氧砂浆裂缝处理

混凝土面板环氧砂浆施工质量验收评定见附表 1.6-1 和附表 1.6-2。

（1）基础面清理。基础清理符合设计要求；混凝土基础面洁净、无乳皮，表面成毛面，无积渣杂物。

（2）涂抹砂浆。底层基液和环氧砂浆涂抹满足设计要求。

（3）混凝土面板外观。形体尺寸符合原设计要求；重要部位不允许出现缺损；表面平整度符合原设计要求。

2. 凿槽嵌补法

混凝土面板凿槽嵌补施工质量验收评定见附表 1.6-3 和附表 1.6-4。

（1）基础面清理。混凝土裂缝凿槽符合设计要求；混凝土基础面洁净，表面成毛面，无积渣杂物。

（2）涂抹水泥砂浆。水泥砂浆标号满足设计要求。

（3）密封膏嵌填。密封膏搅拌均匀，缝隙内部紧密压实。

（4）混凝土面板外观。形体尺寸符合原设计要求；重要部位不允许出现缺损；表面平整度符合原设计要求。

附表 1.6-1　混凝土面板环氧砂浆施工单元质量验收评定表

工程名称、部位			施工日期	年　月　日— 年　月　日	
项次		检验项目	工序质量验收评定等级		
主控项目	1	混凝土表面基础面处理			
	2	底层基液涂刷			
	3	涂抹环氧砂浆			
一般项目	1	混凝土基础面			
		评定意见		工程质量等级	
		检查项目＿＿＿项符合质量标准，合格率为＿＿＿%			
维修单位		年　月　日	项目管理单位		年　月　日

附表 1.6-2 环氧砂浆施工质量验收评定表

工程名称、部位				施工日期	年 月 日— 年 月 日		
项次		检验项目	质量要求	检查记录		合格数	合格率/%
主控项目	1	砂浆性能指标	材料性能指标符合设计要求				
	2	涂抹厚度	厚度符合设计要求				
一般项目	1	基层与基面处理	应干净、干燥、平整，不得有空鼓、松动、起砂、脱皮、油渍等缺陷				
	2	砂浆涂抹	应黏结牢靠，不得有针孔、气泡、空鼓、翘边、开口漏喷漏涂等缺陷				
	3	外观检查	表面干净平整，颜色均匀，无污物				
评定意见					工程质量等级		
检查项目___项符合质量标准，合格率为___%							
维修单位		年 月 日		项目管理单位		年 月 日	

147

附表 1.6-3 混凝土面板凿槽嵌补施工单元质量验收评定表

工程名称、部位			施工日期	年 月 日— 年 月 日	
项次		检验项目	工序质量验收评定等级		
主控项目	1	混凝土表面基础面凿槽处理			
	2	底层水泥砂浆涂刷			
	3	涂抹PV密封膏			
一般项目	1	混凝土基础面			
评定意见				工程质量等级	
检查项目___项符合质量标准，合格率为___%					
维修单位		年 月 日	项目管理单位		年 月 日

148

附表 1.6-4 凿槽补欠施工质量验收评定表

工程名称、部位				施工日期		年 月 日— 年 月 日		
项次		检验项目	质量要求	检查记录			合格数	合格率/%
主控项目	1	材料性能指标	材料性能指标符合设计要求					
	2	涂抹厚度	厚度符合设计要求					
一般项目	1	凿槽处理	应干净、干燥、平整，不得有空鼓、松动、起砂、脱皮、油渍等缺陷					
	2	PV密封膏涂抹	应黏结牢靠，不得有针孔、气泡、空鼓、翘边、开口漏喷漏涂等缺陷					
	3	外观检查	表面干净、平整，颜色均匀，无污物					
评定意见						工程质量等级		
检查项目___项符合质量标准，合格率为___%								
维修单位		年 月 日			项目管理单位		年 月 日	

149

七、混凝土路面维修

(一) 维修施工方法

1. 裂缝维修

（1）对宽度小于 3mm 的轻微裂缝，可采取扩缝灌浆。

1）顺着裂缝扩宽成 1.5~2.0cm 的沟槽，槽深可根据裂缝深度确定，最大深度不得超过 2/3 板厚。

2）清除混凝土碎屑，吹净灰尘后，填入粒径 0.3~0.6cm 的清洁石屑。

3）根据选用的灌缝材料，混合均匀后，灌入扩缝内。

4）灌缝材料固化后，达到通车强度，即可开放交通。

（2）对贯穿全厚的 3~15mm 的中等裂缝，可采取条带罩面进行补缝。

1）在裂缝两侧切缝时，应平行于缩缝，且距裂缝距离不小于 15cm。

2）凿除两横缝内混凝土的深度以 7cm 为宜。

3）每间隔 50cm 打一对钯钉孔，钯钉孔的大小应略大于钯钉直径 2~4mm。并在二钯钉孔之间打一对与钯钉孔直径一致的钯钉槽。

4）钯钉宜采用 φ16mm 螺纹钢筋，使用前应予以除锈。钯钉长度应不小于 20cm，弯钩长度为 7cm。

5）钯钉孔必须填满砂浆，方可将钯钉插入孔内安装。

6）切割的缝内壁应凿毛，并清除松动的混凝土碎块及表面尘土、裸石。

7）浇筑混凝土应及时振捣密实、抹平，并应喷洒养护剂。

8）修补块面板两侧应加伸缩缝，并应灌注填缝料。

（3）对宽度大于 15mm 的严重裂缝可采用全深度补块。全深度补块主要采用集料嵌锁法。

1）在修补的混凝土路面位置上，平行于缩缝画线，沿画线位置进行全深度切割。在保留板块边部，沿内侧4cm的位置锯5cm深的缝。

2）破碎、清除旧混凝土过程中不得伤及基层、相邻面板和路肩。若破除的旧混凝土面积当天完不成混凝土浇筑时，其补块位置应做临时补块。

3）全深锯口和半深锯口之间的4cm宽条混凝土垂直面应凿成毛面。

4）处理基层时，基层强度符合规范要求，应整平基层；基层强度低于规范要求，应予以补强，并严格整平；若基层全部损坏或松软，应按原设计基层材料重新做基层。

5）混凝土的配合比应根据设计弯拉强度、耐久性、耐磨性、和易性等要求，先用原材料进行配比设计，各种材料的物理性能及化学成分应符合现行标准 JTG D40—2011《公路水泥混凝土路面设计规范》规定。

6）用水量应控制在混合料运到工地最佳和易性所需的最小值，最大水灰比为0.4。如采用 JK 系列混凝土快速修补材料，水灰比以0.30~0.40 为宜，坍落度宜控制在2cm内。混凝土 24h 弯拉强度应不低于 3.0MPa。

7）混凝土摊铺应在混凝土拌和后 30~40min 内卸到补块区内，并振捣密实。

8）浇筑的混凝土面层应与相邻路面的横断面吻合，其表面平整度应符合现行 JTG F80/1—2017《公路工程质量检验评定标准 第一册 土建工程》规定，补块的表面纹理应与原路面吻合。

9）补块养生宜采用养护剂，其用量根据养护材料性能确定。

10）做接缝时，将板中间的各缩缝锯切到1/4板厚处，将接缝材料填入缩缝内。

11）混凝土达到通车强度后，即可开放交通。

2. 坑洞维修

坑洞修补应根据不同情况采取相应措施进行。

（1）对零星的坑洞，应清除洞内杂物，用水泥砂浆等材料填充，达到平整密实。

（2）对较多坑洞且连成一片的，应采取薄层修补方法进行修补。

1）切割面积的图形边线，应与路中心线平行或垂直。

2）切割的深度，应在 6cm 以上，并将切割面内的光滑面凿毛。

3）应清除槽内的混凝土碎屑。

4）混凝土拌和物填入槽内，振捣密实，并保持与原混凝土面板齐平。

5）宜喷洒养护剂养生。

6）待混凝土达到通车强度后，方可开放交通。

（3）对面积较大，深度在 3cm 以内，成片的坑洞，可用沥青混凝土进行修补。

1）用风镐凿除一个处治区，其图形边线应与路中心线平行或垂直。

2）凿除深度以 2~3cm 为宜，并清除混凝土碎屑。

3）铺筑沥青混凝土前，应将凿除的槽底面和槽壁洒黏层沥青，其用量为 0.4~0.6kg/m²。

4）沥青混凝土应碾压密实、平整。

5）待沥青混凝土冷却后，控制车速通车。

3. 错台维修

错台的处治方法有磨平法和填补法两种，可按错台的轻重程度选定。

（1）高差小于等于 10mm 的错台，可采用磨平机磨平，或人工凿平。

1）应从错台最高点开始向四周扩展，边磨边用三米直尺找平，直至相邻两块板齐平为止。

2）磨平后，应将接缝内杂物清除干净，并吹净灰尘，及时将嵌缝料填入。

（2）高差大于 10mm 的严重错台，可采取沥青砂或水泥混凝土进行处治。

1）沥青砂填补基本要求：

a. 在沥青砂填补前应清除路面杂物和灰尘，并喷洒一层热沥青或乳化沥青，沥青用量为 $0.40 \sim 0.60 \text{kg/m}^2$。

b. 修补面纵坡变化应控制在 $i \leqslant 1\%$。

c. 沥青砂填补后，宜用轮胎压路机碾压。

d. 初期应控制车辆慢速通过。

2）水泥混凝土修补基本要求：

a. 应将错台下沉板凿除 $2 \sim 3 \text{cm}$ 深，修补长度按错台高度除以坡度（$i = 1\%$）计算。

b. 凿除面应清除杂物灰尘。

c. 填筑聚合物细石混凝土，混凝土达到通车强度后，即可开放交通。

（二）质量标准

混凝土路面维修施工质量验收评定见附表 1.7。

（1）基面处理。裂缝处理后的基面应干净、整洁无灰尘、无混凝土碎屑；基面扩大或切割后应满足设计要求。

（2）填充或修补材料应满足设计要求，填充后与相邻路面平整度满足设计要求。

附表 1.7 混凝土路面维修施工质量验收评定表

工程名称、部位			评定日期		年　月　日	
项次	检验项目	质量标准	检查记录			
1	基面处理	满足施工要求				
2	填充或修补材料	符合设计要求				
3	填充后与相邻路面平整度	符合原设计要求				
评定意见			工程质量等级			
检查项目＿＿＿项符合质量标准，合格率为＿＿＿%						
维修单位		年　月　日	项目管理单位		年　月　日	

154

八、素喷混凝土护坡维修

（一）维修施工方法

1. 裂缝处理

素喷混凝土裂缝可参照"4.2 混凝土维修"中混凝土裂缝处理内容。

2. 剥蚀维修——喷射混凝土

素喷混凝土剥蚀维修采用的混凝土强度指标应不低于原混凝土强度，素喷混凝土喷射方法通常有干喷法和湿喷法两种，此处介绍干喷法。具体施工方法如下：

（1）基础面处理。将表面杂质清理干净，将松动的混凝土块凿除。混凝土表面可采用风镐机凿毛和人工凿毛，在无法使用风镐机的部位必须使用人工凿毛。凿毛后应全部露出新鲜混凝土。清除混凝土凿毛面的杂物，用水清洗干净混凝土表面，但不得积水。

（2）排水孔成孔。除满足设计要求外，还应该注意成孔角度，排水孔要注意水平位置上仰 10°，以保证排水通畅。

（3）喷射混凝土。喷射混凝土前应做好排水孔保护，以保证喷混凝土后排水通畅，喷前受喷面要设立控制喷射厚度标志，喷射时分段由下而上进行，先凹后凸进行作业，并不得漏喷。喷射距离在 80~100cm。喷射时做 20~25cm 圆弧运动，一圈压一圈，尽量避免回弹，不流不淌。

（4）养生。喷射终凝 2h 后即开始养生，养生期不少于 7d。

（二）质量标准

干喷法施工质量验收评定见附表 1.8。

（1）基础面处理。混凝土基础面洁净，表面成毛面，无积渣杂物。

（2）排水孔。排水孔布设角度、位置等符合设计要求。

（3）喷射混凝土。混凝土喷射连续，不允许仓面混凝土出现初凝现象，外观光滑平整；喷射厚度符合规范要求；混凝土养护符合原设计要求。

附表1.8　干喷法施工质量验收评定表

工程名称、部位			施工日期		年　月　日—	年　月　日
项次		检验项目	质量要求	检查记录	合格数	合格率/%
主控项目	1	喷混凝土强度	符合设计要求			
	2	喷混凝土厚度	符合设计要求			
	3	喷混凝土与基础面黏结	满足规范要求			
一般项目	1	基础面处理	应干净、干燥、平整，不得有空鼓、松动、起砂、脱皮、油渍等缺陷			
	2	锚孔布设	布设角度、位置等符合设计要求			
	3	喷层均匀性	无夹层、包砂			
	4	喷层密实性	无渗水、滴水			
	5	表面整体性	无裂缝等缺陷			
	6	喷层养护	符合规范规定			
评定意见					工程质量等级	
检查项目＿＿＿项符合质量标准，合格率为＿＿＿%						
维修单位			年　月　日	项目管理单位		年　月　日

156

九、水下混凝土维修

（一）维修施工方法

水下吊罐法施工应具备相关资质要求。

1. 水下初查

在正式进行潜水作业前，可派经验丰富的潜水员对作业区域进行水下环境初查，事先了解作业区域的情况，查清有无可能造成潜水作业不安全的障碍和隐患，查清水质能见度，确定潜水员出入水路线。

进入施工区域内，做好一切施工准备。水下施工前，应测量水下施工部位的流速，流速低于 0.5m/s 时，潜水员可正常下水，在保证安全的前提下进行作业。

作业前，施工人员应了解熟悉相关结构情况，根据水下作业环境及脱落部位面板周边实际情况，调整和完善现场实施方案。

2. 面板水下浇筑

（1）清理、凿毛。潜水员从适当位置下水，采用高压水对面板坑内的浮泥、碎石等杂物进行清理，将底部干硬性碾压砂浆表面及四周交接缝位置的淤积物清理干净。

采用高压水对硬性砂浆基础表面进行凿毛清理，以增加其与新混凝土的黏结强度，高压水枪凿毛运用液体增压原理，通过高压泵将动力源的机械能转换成压力能，具有巨大压力能的水通过小孔喷嘴，再将压力能转变成动能，从而形成高速射流，这种凿毛方式不会对混凝土主体造成伤害。高压水凿毛部位压力水流高速流动即可带走凿毛产生的混凝土渣屑等杂物，所以在凿毛的同时进行了混凝土面清理。

（2）砂浆表面钻孔植筋。首先，潜水员在坝面定位出锚孔位置，锚孔间距50cm。然后，采用液压钻或风钻垂直于坝面钻锚筋对应的锚筋孔。部分锚筋由于需要固定钢模板，将固定钢模板端的锚筋换成钢筋配套的套丝端。

锚筋的锚孔直径、锚固深度需在现场进行抗拔力试验后确定。

钻孔完成之后采用高压水枪对锚孔进行冲洗，冲出锚孔内部的渣屑，之后向锚孔内注入锚固剂，植入锚筋。

（3）布设钢筋网。按照面板的尺寸编织一层钢筋网，钢筋的型号符合原设计要求。钢筋网编织在陆地上进行，然后用吊机将编制好的钢筋网放入坑内并与锚筋焊接牢固。

（4）结构缝处理。结构缝处理采用与原结构缝材料相同的聚氯乙烯闭孔泡沫板，按照原来面板结构缝的位置将泡沫板贴到面板槽的边上，新浇筑的面板之间泡沫板贴到模板上。

（5）模板制作安装。模板不可重复利用，每个单元模板根据实际需要组合衔接，用 M14 膨胀螺栓固定在混凝土面上。

模板提前在陆上制作，模板应在外表面涂刷一层防腐剂，制作时注意在模板上口预留水下不分散混凝土进料口、溢出口和固定模板的螺栓口。安装时将模板安放在指定位置，模板与基底的接触应充分吻合，确保接缝处不漏浆。模板立好后检查其顶部高程、平整度。制作模板的同时，将闭孔泡沫板贴在坑槽四周。

（6）混凝土浇筑。修复材料选用 C30 水下不分散混凝土，采用吊罐法浇筑。

根据现场气温情况、施工条件和所使用的原材料特性通过试验确定水下不分散混凝土配合比，调整水下不分散混凝土的流动度，使其在水下能达到自密实、自流平的效果。制备开始前，需根据工程量确定每批搅拌所需石子、砂、水泥以及外加剂的用量称好备用，施工时做到按工艺流程要求连续浇筑，保证施工质量。

浇筑混凝土前将仓面进行彻底冲洗，冲除坑内的碎块、淤泥、渣屑、青苔皮等杂物，以免在新老混凝土之间形成夹层，降低新老混凝土之间的黏结。浇筑时，将已配制好的水下不分散混凝土装入吊罐中，吊放至修补位置，由潜水员把吊罐中的混凝土送到浇筑仓内，要求所浇筑混凝土自流平后表面与原混凝土面平齐，使修补后整体过流面平整光滑，且内部密实，新老混凝土黏结良好。因为水下不分散混凝土具有自流平、自密实特点，故浇筑时无须振捣。

（7）拆模验收。根据实际情况，可以不拆除模板，但为了检查混凝土浇筑质量，在混凝土达到适当强度后，应拟定建设单位随机指定任意一块钢模板，由潜水员下水进行拆除，建设单位通过影像检查混凝土浇筑质量无问题后，潜水员将拆除的钢模板复位并焊接。

（二）质量标准

水下混凝土面板护坡质量标准按施工工序进行评定，其施工质量验收评定见附表1.9。

（1）基面清理。混凝土基础面洁净，无积渣杂物。

（2）钻孔植筋。锚孔位置、间距符合原设计要求；锚孔直径、锚固深度经拉拔试验后满足设计要求；植入锚筋时锚孔清洁、无渣屑。

（3）布设钢筋网。钢筋的数量、规格尺寸、安装位置符合质量标准和设计的要求；钢筋接头的力学性能符合规范要求和国家及行业有关规定；焊接接头和焊缝外观不允许有裂缝、脱焊点、漏焊点，表面平顺，没有明显的咬边、凹陷、气孔等，钢筋不应有明显烧伤；钢筋连接部分检验项目符合原设计要求且在允许偏差之内；保护层厚度、钢筋长度方向、钢筋间距在允许偏差范围之内。

（4）模板制作安装。滑模结构及其牵引系统牢固可靠，便于施工，并应设有安全装置；模板及其支架满足设计稳定性、刚度和强度要求；模板表面处理干净，无任何附着物，表面光滑；防腐剂涂抹均匀。

（5）混凝土面板浇筑。混凝土浇筑连续，不允许仓面混凝土出现初凝现象，外观光滑平整；施工缝按设计要求处理；无贯穿性裂缝，出现裂缝按设计要求处理；铺筑厚度符合规范要求；面板厚度符合原设计要求；混凝土养护符合原设计要求。

（6）混凝土面板外观。形体尺寸符合原设计要求；重要部位不允许出现缺损；表面平整度符合原设计要求。

附表1.9 水下混凝土施工质量验收评定表

工程名称、部位			施工日期	年 月 日— 年 月 日		
项次	检验项目	质量要求	检查记录		合格数	合格率/%
1	混凝土基础面	清理、凿毛处理				
2	锚孔直径、锚固深度	符合设计要求				
3	钢筋网	与锚筋焊接牢固				
4	模板制作安装	与基底的接触良好，不漏浆。顶部高程、平整度符合设计要求				
5	混凝土浇筑	自流平后表面与原混凝土面平齐、密实				
	评定意见			工程质量等级		
	检查项目___项符合质量标准，合格率为___%					
维修单位		年 月 日	项目管理单位		年 月 日	

160

十、土石坝裂缝维修

（一）维修施工方法

1. 开挖回填法

采用开挖回填法修理裂缝时，应符合下列规定：

（1）开挖方法可采用梯形楔入法，开挖回填示意图见附图1.10。

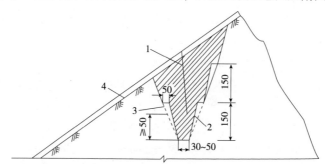

附图1.10 梯形楔入法开挖回填示意图（单位：cm）
1—裂缝；2—开挖线；3—回填时削坡线；4—护坡

（2）裂缝的开挖长度应超过裂缝两端1m、深度超过裂缝尽头0.5m；开挖坑槽底部的宽度不应小于0.3m。坑槽边坡应满足稳定及新旧填土接合的要求，较深坑槽也可开挖成阶梯形，以便出土和安全施工。

（3）坑槽开挖应做好安全防护工作，防止坑槽进水、土壤干裂或冻裂；挖出的土料应远离坑口堆放，不同土质应分区堆放。

（4）回填土料应符合坝体土料的设计要求；对沉陷裂缝应选择塑性较大的回填土料，并控制含水量高于最优含水量的1%~2%；对滑坡、干缩和冰冻裂缝的回填土料，应控制含水量等于或低于最优含水量的1%~2%。

（5）回填时应分层夯实，特别注意坑槽边角处的夯实质量，压实厚度应为填土厚度的2/3。

（6）对贯穿坝体的横向裂缝，应沿裂缝方向，每隔5m挖"十"字形接合槽一个，开挖的宽度、深度与裂缝开挖的要求一致。

2. 充填式黏土灌浆法

采用充填式黏土灌浆法应符合下列要求：

（1）应根据隐患探测和分析成果做好灌浆设计。孔位布置在隐患处或附近，可按梅花形布置多排孔，孔距可为 1~2m。钻孔深度应超过隐患深度不小于 1m。每条裂缝均应布设灌浆孔；裂缝较长时，应在两端、转弯处及缝宽突变处布设灌浆孔；灌浆孔与导渗或观测设施的距离不应小于 3m。

（2）应采用干钻、套管跟进的方式造孔，孔径宜为 50~76mm。

（3）配制浆液的土料应选择具有失水性快、体积收缩小的中等黏性土料，黏粒含量宜为 20%~45%；宜在保持浆液对裂缝具有足够充填能力的前提下提高浆液的浓度；泥浆密度应控制在 1450~1700kg/m³；可在浆液中掺入重量为干料 1%~3%的硅酸钠（水玻璃）或采用先稀后浓的浆液，增强充填效果；浸润线以下充填时可在浆液中掺入重量为干料 10%~30%的水泥，加速凝固。

（4）灌浆压力应在保证坝体安全的前提下通过试验确定。灌浆管上端孔口压力宜为 0.05~0.3MPa；施灌时灌浆压力应逐步由小到大，不得突然增加；灌浆过程中，应维持压力稳定，波动范围不应超过 5%。

（5）施灌时应采用"由外到里、分序灌浆"和"由稀到稠、少灌多复"的方式进行，在设计压力下，灌浆孔段经连续 3 次复灌而不再吸浆时，灌浆即可结束。施灌时应密切注意坝坡的稳定及其他异常现象，发现异常变化时应立即停止灌浆。

（6）应在浆液初凝后进行封孔。应先扫孔到底，分层填入直径为 20~30mm 的干黏土泥球，每层厚度宜为 0.5~1.0m，然后捣实；均质土坝可向孔内灌注浓泥浆或灌注最优含水量的制浆土料捣实。

（7）雨季及库水位较高时，不宜进行灌浆。

（二）质量标准

1. 开挖回填法

开挖回填法施工质量验收评定见附表 1.10-1。

（1）裂缝开挖长度、深度和坑槽底部宽度符合设计要求。

（2）坑槽无积水、土壤干裂或冻裂。

（3）回填土料应符合坝体土料的设计要求。

（4）回填土料压实厚度符合设计要求。

2. 充填式黏土灌浆法

充填式黏土灌浆施工质量验收评定见附表1.10-2。

（1）灌浆孔布设位置、孔径、孔深等符合设计要求。

（2）配制浆液符合设计要求。

（3）灌浆压力满足施工需要。

（4）封孔黏土密实度符合设计要求。

附表1.10-1　开挖回填法施工质量验收评定表

工程名称、部位			评定日期	年　　月　　日	
项次	检验项目	质量标准	检查记录		
1	裂缝开挖长度	符合设计要求			
2	裂缝开挖深度	符合设计要求			
3	坑槽底部宽度	符合设计要求			
4	坑槽	无积水、土壤干裂或冻裂			
5	回填土料及压实厚度	符合设计要求			
评定意见				工程质量等级	
检查项目___项符合质量标准，合格率为___%					
维修单位		年　　月　　日	项目管理单位		年　　月　　日

163

附表 1.10-2　充填式黏土灌浆法施工质量验收评定表

工程名称、部位			评定日期	年　月　日	
项次	检验项目	质量标准	检查记录		
1	灌浆孔布设位置	符合设计要求			
2	灌浆孔孔径	符合设计要求			
3	灌浆孔深度	符合设计要求			
4	灌浆液配置	符合设计要求			
5	封孔黏土密实度	符合设计要求			
评定意见				工程质量等级	
检查项目＿＿＿项符合质量标准，合格率为＿＿＿%					
维修单位		年　月　日	项目管理单位		年　月　日

164

十一、土石坝坝体滑坡维修

（一）维修施工方法

1. 开挖回填法

（1）开挖与回填的次序应符合上部减载、下部压重的原则，不应在滑坡体上部压重。

（2）应彻底挖除滑坡体上部已松动的土体，再按设计坝坡线分层回填夯实。若滑坡体方量很大，不能全部挖除时，可将滑弧上部能利用的松动土体移做下部回填土方，回填时由下至上分层回填夯实。

（3）开挖时，对未滑动的坡面应按边坡稳定要求放足开口线；回填时，应将开挖坑槽时的阶梯逐层削成斜坡，做好新老土的接合。

（4）应严格控制填土施工质量，土料的含水率和干容重应符合设计要求。

（5）应恢复或修好坝坡的护坡和排水设施。

2. 加培缓坡法

（1）应按坝坡稳定分析的结果确定放缓坝坡的坡比。

（2）修理时应将滑动土体上部进行削坡，按放缓的坝坡加大断面，分层回填压实。

（3）回填前应先将坝趾排水设施向外延伸或接通新的排水体。

（4）回填后应恢复和接长坡面排水设施及护坡。

3. 压重固脚法

采用压重固脚法修理滑坡时，应符合下列规定：

（1）应根据当地土料、石料资源和滑坡的具体情况选用镇压台、压坡体等压重固脚形式。

（2）镇压台或压坡体应沿滑坡段全面铺筑，并伸出滑坡段两端5~10m，其高度和长度应通过稳定分析确定。石料镇压台的高度宜为3~5m；压坡体的高度宜为滑坡体高度的1/2左右，边坡坡比宜为1∶3.5~1∶5.0。

（3）采用土料压坡体时，应先满铺一层厚 0.5~0.8m 的砂砾石反滤层，再回填压坡体土料。

（4）镇压台和压坡体的布置不应影响坝容坝貌，并应恢复或修好原有排水设施。

4. 导渗排水法

采用导渗排水法修理滑坡时，应符合下列规定：

（1）导渗沟的形状可采用 Y 形、W 形、I 形等，但不应采用平行于坝轴线的纵向沟。

（2）导渗沟的长度应根据坝坡渗水出逸点至排水设施的距离确定，深度为 0.8~1.0m，宽度为 0.5~0.8m，间距视渗漏情况而定，宜为 3~5m。

（3）沟内应按反滤层要求回填砂砾石料，填筑顺序按粒径由小到大、由周边到内部，填成封闭的棱柱体，不同粒径的反滤料应严格分层填筑；也可用无纺布包裹砾石或砂卵石料，填成封闭的棱柱体。

（4）导渗沟的顶面应铺砌块石或回填黏土保护层，厚度为 0.2~0.3m。

（5）导渗沟的下部应延伸至坝坡稳定的部位或坝脚，并与排水设施连通。

（6）导渗沟之间滑坡体的裂缝，应进行表层开挖、回填封闭处理。

（二）质量标准

1. 开挖回填法（加培缓坡法）质量标准

开挖回填法（加培缓坡法）施工质量验收评定见附表 1.11-1。

（1）上部滑坡体全部挖除或进行削坡，对未滑动坡面放开口线满足设计要求。

（2）回填土含水率和干容重满足设计要求；回填时新老土接合良好。

（3）回填后护坡和排水设施满足设计要求。

2. 压重固脚法质量标准

压重固脚法施工质量验收评定见附表 1.11-2。

（1）压重固脚方式满足设计要求。

（2）压重固脚长度、高度及边坡比满足设计要求。

（3）压重后排水设施满足排水要求。

3. 导渗排水法质量标准

导渗排水法施工质量验收评定见附表1.11-3。

（1）导渗沟形状、长度符合设计要求。

（2）导渗沟内反滤层粒径大小、填筑顺序符合设计要求。

（3）顶面铺砌块石或回填黏土保护层厚度符合设计要求。

附表1.11-1　开挖回填法（加培缓坡法）施工质量验收评定表

工程名称、部位			评定日期		年　月　日
项次	检查项目		质量标准	检验记录	
1	滑坡体挖除		符合设计要求		
2	未滑动坡面放开口线		符合设计要求		
3	回填土含水率和干容重		符合设计要求		
4	新老土接合		密实		
5	护坡		符合设计要求		
6	排水设施		符合设计要求		
评定意见				工程质量等级	
检查项目＿＿项符合质量标准，合格率为＿＿%					
维修单位		年　月　日		项目管理单位	年　月　日

167

附表 1.11-2　压重固脚法施工质量验收评定表

工程名称、部位		评定日期	年　月　日

项次	检查项目	质量标准	检验记录
1	压重固脚方式	符合设计要求	
2	压重固脚长度、高度	符合设计要求	
3	边坡比	符合设计要求	
4	排水设施	接触密实	

评定意见	工程质量等级
检查项目____项符合质量标准，合格率为____%	

维修单位		项目管理单位	
	年　月　日		年　月　日

附表 1.11-3　导渗排水法施工质量验收评定表

工程名称、部位		评定日期	年　月　日
项次	检查项目	质量标准	检验记录
1	导渗沟形状	符合设计要求	
2	导渗沟长度	符合设计要求	
3	导渗沟内反滤层粒径大小	符合设计要求	
4	导渗沟填筑顺序	符合设计要求	
5	回填黏土保护层厚度	符合设计要求	
评定意见			工程质量等级
检查项目____项符合质量标准，合格率为____%			
维修单位		项目管理单位	
	年　月　日		年　月　日

十二、坝坡维修

（一）维修施工方法

1. 砌石护坡修理规定

（1）坡面处理：

1）清除需要翻修部位的块石和垫层时，应保护好未损坏的部分砌块。

2）坡面有坑凹时，应用与坝体相同的材料回填夯实，应保证坡面密实平顺。

3）严寒冰冻地区应在坝坡土体与砌石垫层之间增设一层用非冻胀材料铺设的防冻保护层，防冻保护层厚度应大于当地冻层深度。

（2）垫层铺设：

1）垫层厚度应根据反滤层的原则设计，厚度宜为 0.15～0.25m；严寒冰冻地区的垫层厚度应大于当地冻层深度。

2）应按 SL 274—2020《碾压式土石坝设计规范》的规定，根据坝坡土料的粒径和性质，确定垫层的层数及各层的粒径，由小到大逐层均匀铺设。

（3）铺砌石料：

1）砌石应以原坡面为基准，在纵、横方向挂线控制，自下而上。错缝竖砌，紧靠密实，塞垫稳固，大块封边，表面平整，注意美观。

2）浆砌石应先坐浆，后砌石；砌缝内砂浆应饱满，缝口应用比砌体砂浆高一等级的砂浆勾平缝；修补完成后应洒水养护。

（4）浆砌框格或阻滑齿墙：

1）浆砌框格护坡宜做成菱形或正方形，框格用浆砌石或混凝土筑成，其宽度不宜小于 0.5m，深度不宜小于 0.6m，冰冻地区应按防冻要求适当加深；框格间距视风浪大小而定，不宜小于 4m，每隔 3~4 个框格应设变形缝，缝宽 15~20mm。

2）阻滑齿墙应沿坝坡每隔 3~5m 设置一道，平行坝轴线嵌入坝体；齿墙宽度不宜小于 0.5m，深度不宜小于 1.0m（含垫层厚度）；沿齿墙长度方向每 3~5m 应设置 1 个排水孔。

（5）细石混凝土灌缝：

1）灌缝前应清除块石缝隙内的泥沙、杂物，并用水冲洗干净。

2）缝内应灌满捣实，并抹平缝口。

3）每隔适当距离，应留一狭长缝口不灌注，作为排水出口。

（6）混凝土盖面：

1）护坡表面及缝隙应清洗干净。

2）混凝土盖面厚度应根据风浪大小确定，厚度宜为 50~70mm。

3）混凝土强度等级不应低于 C15。

4）盖面混凝土应自下而上浇筑，每 3~5m 应设置 1 条变形缝。

5）若原护坡垫层遭破坏，应先补做垫层，修复护坡，再加盖混凝土。

2. 碎石护坡修理规定

（1）修理前应仔细检查堆石体底部垫层是否被冲刷。如被冲刷，应按滤料级配铺设垫层，厚度不应小于 0.3m。

（2）石块应达到设计要求的直径。

（3）抛石应按照先小石后大石的顺序进行，保证面层以大石为主。

（4）所用块石应质地坚硬、密实，不风化，无裂缝。

（5）石块的质量和厚度应符合原设计要求。

3. 格宾石笼、铅丝石笼护坡修理

（1）石笼护坡修理前应检查底部垫层是否损坏，如垫层损坏，则重新铺设垫层；如垫层未损坏，则仅更换石笼即可。

（2）垫层破坏应重新进行整平夯实，夯实后基础地基承载力应满足设计及规范要求。

（3）无纺布铺设。清理场内杂物，滚铺土工布应平顺，松紧适度，应与地面密贴，并应避免张拉受力、折叠、褶皱等情况发生。施工中土工布有拉裂、蠕变、老化、局部过薄情况要及时更换。

（4）网箱重新绑扎。按照设计要求重新绑扎组装格宾网箱。

（5）石料填充。网箱完成后填充石料，石料尺寸一般在 1.5~2 倍网目孔径，每层厚度在 30cm 以下，用小碎石密实填缝，外侧石料应人工砌垒整平。

（二）质量标准

1. 砌石护坡维修质量标准

砌石护坡维修施工质量验收评定见附表 1.12-1。

（1）护坡厚度允许偏差符合原设计要求。

（2）坡面平整度允许偏差符合原设计要求。

（3）排水孔反滤符合原设计要求。

（4）坐浆饱满度符合原设计要求。

（5）排水孔设置连续贯通，孔径、孔距允许偏差符合原设计要求。

（6）变形缝与结构缝填充质量符合原设计要求。

（7）勾缝按平缝勾填，无开裂、脱皮现象。

（8）混凝土盖面厚度应符合原设计要求。

2. 碎石护坡维修质量标准

碎石护坡维修施工质量验收评定见附表 1.12-2。

（1）按照滤料级配铺设垫层，厚度不应小于 0.3m。

（2）碎石护坡石块重量、厚度符合原设计要求。

（3）块石应质地坚硬、密实，不风化，无裂缝。

3. 格宾、铅丝石笼维修质量标准

石笼护坡维修施工质量验收评定见附表 1.12-3。

（1）外露平整度符合原设计要求。

（2）网箱长、宽、高符合原设计要求。

（3）坡面坡度与原坡度保持一致。

（4）网片结扎、盖网松紧度及石料密实度均符合原设计要求。

附表 1.12-1 砌石护坡维修施工质量验收评定表

工程名称、部位		评定日期		年 月 日
项次	检查项目	质量标准	检验记录	
1	护坡厚度	允许偏差±5cm		
2	坡面平整度	允许偏差±5cm		
3	排水孔反滤	符合设计要求		
4	坐浆饱满度	>80%		
5	孔径、孔距	允许偏差±5%设计值		
6	变形缝与结构缝填充质量	符合设计要求		
7	勾缝按平缝勾填	无开裂、脱皮现象		
8	混凝土盖面	厚度应符合原设计要求		
评定意见			工程质量等级	
检查项目____项符合质量标准，合格率为____%				
维修单位		年 月 日	项目管理单位	年 月 日

附表 1.12-2　碎石护坡维修施工质量验收评定表

工程名称、部位			评定日期		年　月　日
项次	检查项目	质量标准		检验记录	
1	铺设垫层	厚度不应小于0.3m			
2	碎石护坡石块重量	符合设计要求			
3	碎石护坡厚度	符合设计要求			
4	块石	应质地坚硬、密实，不风化，无裂缝			
评定意见				工程质量等级	
检查项目____项符合质量标准，合格率为____%					
维修单位		年　月　日	项目管理单位		年　月　日

附表 1.12-3　石笼护坡维修施工质量验收评定表

工程名称、部位			施工日期	年　月　日—	年　月　日	
项次		检验项目	质量要求	检查记录	合格数	合格率/%
主控项目	1	护坡厚度	允许偏差±5cm			
一般项目	1	网箱长、宽、高	允许偏差±5cm			
	2	坡面平整度	允许偏差±8cm			
	3	网片结扎、网盖松紧度及石料密实度	符合原设计要求			
评定意见				工程质量等级		
检查项目___项符合质量标准，合格率为___%						
维修单位		年　月　日		项目管理单位		年　月　日

175

十三、大坝渗漏维修

（一）维修施工方法

1. 土工膜截渗

采用土工膜截渗时，应符合下列规定：

（1）土工膜厚度选择应根据承受水压大小确定。承受 30m 以下水头时，可选用非加筋聚合物土工膜，铺膜总厚度为 0.3～0.6mm；承受 30m 以上水头时，宜选用复合土工膜，膜厚不应小于 0.5mm。

（2）土工膜铺设范围应超过渗漏范围 2～5m。

（3）土工膜的连接宜采用焊接，热合宽度不应小于 0.1m；采用胶合剂粘接时，粘接宽度不应小于 0.15m；复合土工膜的连接应先缝合底层土工布，再焊接土工膜，最后缝合上层土工布。

（4）土工膜铺设前应进行坡面处理。先将铺设范围内的护坡拆除；再将坝坡表层土挖除 0.3～0.5m，彻底清除树根杂草；坡面修整应平顺、密实；然后沿坝坡每隔 5～10m 挖防滑沟一道，沟深 1.0m，沟底宽 0.5m。

（5）土工膜铺设时应将卷成捆的土工膜沿坝坡由下而上纵向铺放，周边采用 V 形槽埋设好；铺膜时不应拉得太紧，防止受拉破坏；施工人员不应穿带钉鞋进入现场。

（6）回填保护层应与土工膜铺设同步进行。保护层可采用砂壤土或砂，厚度不应小于 0.5m。先回填防滑槽，再回填坡面，边回填边压实。保护层上面再按设计恢复原有护坡。

2. 混凝土防渗墙截渗

采用混凝土防渗墙截渗时，应符合下列规定：

（1）防渗墙形式宜采用槽孔式防渗墙。

（2）防渗墙宜沿坝轴线偏上游布置；防渗墙底宜支承在坚实的基岩上，且宜嵌入不透水或相对不透水岩面以下 0.5～1.0m；防渗墙的厚度应按抗渗、抗溶蚀的要求计算确定，宜为 0.6~1.0m；槽孔长度应根据坝体填筑质量、混凝土连续浇筑能力确定，宜为 4~9m。

（3）防渗墙混凝土等级应根据抗渗要求确定，抗渗等级宜为 S6~S8，抗压强度等级宜为 2.0~10.0MPa；混凝土的配合比应根据混凝土能在直升导管内自然流动和在槽孔内自然扩散的要求确定，入孔时的坍落度宜为 180~220mm，扩散度宜为 340~480mm，最大骨料粒径不应大于 4cm。

（4）泥浆下浇筑混凝上应采用直升导管法，导管直径为 200~250mm，相邻导管间距不应大于 2.5m，导管距孔端的距离为 1.0~1.5m（二期槽孔为 0.5~1.0m）；导管底部孔口应保持埋在混凝土面下 1.0~6.0m；槽孔内混凝土面应均匀上升，高差不应大于 0.5m，混凝土上升速度每小时不应小于 1.0m；混凝土终浇面应高出墙顶设计高程 0.5m 左右。

（5）浇筑过程中应随时检测混凝土的各项性能指标；每 30min 测 1 次槽孔内的混凝土面，每 2h 测 1 次导管内的混凝土面，防止导管提升时脱空。

3. 帷幕灌浆防渗

采用帷幕灌浆防渗时，应进行帷幕灌浆设计。施工除应按 SL/T 62—2020《水工建筑物水泥灌浆施工技术规范》的规定执行外，还应符合下列规定：

（1）灌浆帷幕应与坝身防渗体接合在一起。

（2）帷幕深度应根据地质条件和防渗要求确定，宜伸入相对不透水层。

（3）浆液材料应通过试验确定。可灌比 $M \geqslant 10$ 且地基渗透系数超过 40~50m/d 时，宜采用黏土水泥浆，浆液中水泥用量占干料的 20%~40%；可灌比 $M \geqslant 15$ 且渗透系数超过 60~80m/d 时，宜采用水泥浆。

（4）坝体部分造孔应采用干钻、套管跟进的方式；如坝体与坝基接触面没有混凝土盖板，应先用水泥砂浆封固套管管脚，再进行坝基部分的钻孔灌浆工序。

4. 导渗沟导渗

采用导渗沟法处理坝体渗漏时，可参照"第十一、土石坝体滑坡维修"中导渗排水法修理滑坡的规定执行。

（二）质量标准

1. 土工膜截渗

土工膜截渗施工质量验收评定见附表 1.13-1。

（1）土工膜铺设前坡面处理应符合施工要求。

（2）土工膜厚度应满足承受水压需要。

（3）土工膜铺设范围应符合设计要求。

（4）土工膜应连接完好。

（5）回填保护层厚度、压实度应符合设计要求。

2. 混凝土防渗墙截渗

混凝土防渗墙单元工程施工质量验收评定见附表 1.13-2~附表 1.13-5。

（1）槽孔孔深应不低于设计孔深；孔斜率应符合设计要求。

（2）防渗墙布置、厚度应符合设计要求。

（3）混凝土抗渗等级、抗压强度等应符合设计要求。

3. 帷幕灌浆防渗

帷幕灌浆防渗施工质量评定表附表 1.13-6~附表 1.13-8。

（1）灌浆材料应符合设计要求。

（2）坝体槽孔孔深、孔斜率应符合设计要求。

4. 导渗沟导渗

导渗沟导渗施工质量验收评定见附表 1.13-9。

（1）导渗沟形状、长度、深度、宽度及间距应符合设计要求。

（2）导渗沟反滤层粒径应由小到大。

（3）导渗沟顶面铺砌块石或回填黏土保护层厚度应符合设计要求。

附表 1.13-1　土工膜截渗施工质量验收评定表

工程名称、部位		施工日期	年　月　日—　年　月　日
项次	工序名称（或编号）	工序质量验收评定等级	
1	下垫层和支持层		
2	土工膜备料		
3	土工膜铺设		
4	土工膜与刚性建筑物或周边连接处理		
5	上垫层		
6	防护层		

评　定　意　见	工程质量等级
检查项目___项符合质量标准，合格率为___%	

维修单位		项目管理单位	
	年　月　日		年　月　日

179

附表 1.13-2　混凝土防渗墙单元工程施工质量验收评定表

工程名称、部位		施工日期	年 月 日— 年 月 日	
项次	工序名称		工序质量验收评定等级	
1	造孔			
2	清孔（包括接头处理）			
3	混凝土浇筑（包括钢筋笼、预埋件、观测仪器安装埋设）			
单元工程效果（或实体质量）检查	1			
	2			
	…			
评定意见			工程质量等级	
检查项目＿＿项符合质量标准，合格率为＿＿%				
维修单位		年　月　日	项目管理单位	年　月　日

附表 1.13-3 混凝土防渗墙造孔工序施工质量验收评定表

工程名称、部位			施工日期	年 月 日	年 月 日		
项次		检验项目	质量要求	检查记录	合格数	合格率/%
主控项目	1	槽孔孔深	不小于设计孔深			
	2	孔斜率	符合设计要求			
	3	施工记录	齐全、准确、清晰			
一般项目	1	槽孔中心偏差	≤30mm			
	2	槽孔宽度	符合设计要求（包括接头搭接厚度）			

评 定 意 见	工程质量等级
检查项目___项符合质量标准，合格率为___%	
维修单位 年 月 日	项目管理单位 年 月 日

附表 1.13-4 混凝土防渗墙清孔工序施工质量验收评定表

工程名称、部位			施工日期	年 月 日— 年 月 日			
项次		检验项目	质量要求	检查记录		合格数	合格率/%
主控项目	1	接头刷洗	符合设计要求，孔底淤积不再增加				
	2	孔底淤积	≤100mm				
	3	施工记录	齐全、准确、清晰				
一般项目	1	孔内泥浆密度	黏土 ≤1.30g/cm³				
			膨润土 根据地层情况或现场试验确定				
	2	孔内泥浆黏度	黏土 ≤30s				
			膨润土 根据地层情况或现场试验确定				
	3	孔内泥浆含砂量	黏土 ≤10%				
			膨润土 根据地层情况或现场试验确定				
评 定 意 见					工程质量等级		
检查项目___项符合质量标准，合格率为___%							
维修单位			年 月 日		项目管理单位		年 月 日

附表 1.13-5 混凝土防渗墙混凝土浇筑工序施工质量验收评定表

工程名称、部位			施工日期	年 月 日— 年 月 日		
项次		检验项目	质量要求	检查记录	合格数	合格率/%
主控项目	1	导管埋深	≥1m，不宜大于6m			
	2	混凝土上升速度	≥2m/h			
	3	施工记录	齐全、准确、清晰			
一般项目	1	钢筋笼、预埋件、仪器安装埋设	符合设计要求			
	2	导管布置	符合规范或设计要求			
	3	混凝土面高差	≥0.5m			
	4	混凝土最终高度	不小于设计高程0.50m			
	5	混凝土配合比	符合设计要求			
	6	混凝土扩散度	34~40cm			
	7	混凝土坍落度	18~22cm，或符合设计要求			
	8	混凝土抗压强度、抗渗等级、弹性模量等	符合抗压、抗渗、弹模等设计指标			
	9	特殊情况处理	处理后符合设计要求			
评定意见					工程质量等级	
检查项目___项符合质量标准，合格率为___%						
维修单位			年 月 日	项目管理单位		年 月 日

183

附表 1.13-6 帷幕灌浆防渗施工质量验收评定表

工程名称、部位						施工日期			年 月 日—		年 月 日

孔号	孔数序号	1	2	3	4	5	6	7	8	9	10
	钻孔编号										
工序质量评定结果	1 钻孔（包括冲洗和压水试验）										
	2 灌浆（包括封孔）										
单孔质量验收评定	施工单位自评意见										
	监理单位评定意见										

本单元工程内共有___孔，其中优良___孔，优良率___%		
单元工程效果（或实体质量）检查	1	
	2	
	...	

评定意见	工程质量等级
检查项目___项符合质量标准，合格率为___%	

维修单位	项目管理单位
年 月 日	年 月 日

184

附表 1.13-7 帷幕灌浆防渗钻孔工序施工质量验收评定表

工程名称、部位			施工日期		年 月 日— 年 月 日		
项次		检验项目	质量要求	检查记录	合格数	合格率 /%	
主控项目	1	孔深	不小于设计孔深				
	2	孔底偏差	符合设计要求				
	3	孔序	符合设计要求				
	4	施工记录	齐全、准确、清晰				
一般项目	1	孔位偏差	≤100mm				
	2	终孔孔径	≥46mm				
	3	冲洗	沉积厚度小于200mm				
	4	裂隙冲洗和压水试验	符合设计要求				
评 定 意 见					工程质量等级		
检查项目___项符合质量标准，合格率为___%							
维修单位			年 月 日	项目管理单位			年 月 日

附表 1.13-8 帷幕灌浆防渗钻孔工序施工质量验收评定表

工程名称、部位			施工日期	年 月 日— 年 月 日		
项次		检验项目	质量要求	检查记录	合格数	合格率/%
主控项目	1	压力	符合设计要求			
	2	浆液及其变换	符合设计要求			
	3	结束标准	符合设计要求			
	4	施工记录	齐全、准确、清晰			
一般项目	1	灌浆段位置及段长	符合设计要求			
	2	灌浆管口距灌浆段底距离（仅用于循环式灌浆）	≤0.5m			
	3	特殊情况处理	处理后不影响质量			
	4	抬动观测值	符合设计要求			
	5	封孔	符合设计要求			
评定意见					工程质量等级	
检查项目＿＿＿项符合质量标准，合格率为＿＿＿%						
维修单位			年 月 日	项目管理单位		年 月 日

附表 1. 13-9 导渗沟导渗施工质量验收评定表

工程名称、部位		评定日期	年 月 日
项次	检查项目	质量标准	检验记录
1	导渗沟形状	符合设计要求	
2	导渗沟长度	符合设计要求	
3	导渗沟内反滤层粒径大小	符合设计要求	
4	导渗沟填筑顺序	符合设计要求	
5	黏土保护层厚度	符合设计要求	
评定意见			工程质量等级
检查项目____项符合质量标准，合格率为____%			
维修单位	年 月 日	项目管理单位	年 月 日

十四、厂房及附属房屋屋顶彩钢瓦渗漏维修

(一) 维修施工方法

1. 屋面基层处理

施工前应检查屋面基层状况，以确保彩钢屋面金属板牢固、平整、无冰冻物、无固体颗粒、无潮湿、无裂缝、无孔洞及凸物或其他可能妨碍防水层黏结性的杂物。若不符合上述条件，则应在预处理中采取以下相应的措施：

（1）对厂房屋面破损严重的彩钢板进行更换。

（2）若有铆钉松动或已生锈固件，应予以加固或更换。

（3）用扫帚、毛刷清扫屋面基层灰尘、冰冻物及其他疏松附着物，泥浆、流痕等用铲刀等工具清除干净，并用金属专用清洗剂（丙酮等）清洗彩钢屋面，确保屋面基层整洁干燥。

2. 底漆施工

底漆是连接彩钢屋面与聚脲涂层的桥梁，能封闭彩钢屋面的针眼、微裂纹等缺陷，使彩钢屋面及聚脲涂层之间有良好的附着性能与连接作用，保证工程质量。

底漆施工时主要采用刷子涂刷，做到均匀、不漏刷。待底漆表面干燥后，便可以进行聚脲涂层施工。

3. 喷涂聚脲

（1）涂料制备。聚脲防水涂料使用时必须严格按使用说明书配比进行，每种成分计量误差不大于 2%。喷涂施工前应检查物料是否正常，严禁现场向涂料中添加任何稀释剂。

（2）喷涂设备。应采用专业喷涂设备进行人工或机械喷涂聚脲。该设备具有物料输送、计量准确、混合加热、喷射和清洁功能。喷涂厚度为设计厚度，为保证喷涂质量，分一次多遍纵横交叉进行喷涂。喷涂设备应由专业人员管理和操作，喷涂施工前应根据材料特性、施工现场条件等适时调整设备的各项参数，确保涂层的

喷涂质量。

（3）喷涂作业。底漆层施工完成后，与喷涂聚脲作业的间隔时间不应超过生产厂商的规定，一般在聚氨酯底涂施工完成 2～4h 后、24h 前进行聚脲喷涂。

（4）收边处理。喷涂聚脲防水涂料后，屋面边缘处应做收边处理，具体措施为：在屋面喷涂聚脲边缘处，用喷涂聚脲专用压条压边，并用不锈钢全密封拉铆钉固定压条，然后在压条处重新喷涂一层聚脲。

（5）细部处理。由于彩钢屋面渗漏部位多为铆钉、接茬、天沟、女儿墙、排水管根等细节部位，因此在喷涂聚脲防水层过程中必须重视并做好细部的处理，有效杜绝屋面渗漏。彩钢瓦渗漏施工质量验收评定见附表 1.14-1，聚脲封堵施工质量验收评定见附表 1.14-2。

（二）质量标准

1. 金属板材屋面

金属板材屋面与立墙及突出屋面结构等交接处，均应做泛水处理。两板间应放置通长密封条；螺栓拧紧后，两板的搭接口处应用密封材料封严。

2. 压型板屋面

压型板应采用带防水垫圈的镀锌螺栓（螺钉）固定，固定点应设在波峰上。所有外露的螺栓（螺钉），均应涂抹密封材料保护。

压型板屋面的有关尺寸应符合下列要求：

（1）压型板的横面搭接不小于一个波的宽度，纵向搭接不小于 200mm。

（2）压型板挑出墙面的长度不小于 200mm。

（3）压型板伸入檐沟内的长度不小于 150mm。

（4）压型板与泛水的搭接宽度不小于 200mm。

3. 主控项目

（1）金属板材与辅助材料的规格和质量，必须符合设计要求。

（2）金属板材的连接和密封处理必须符合原设计要求，不得有渗漏现象。

4. 一般项目

（1）金属板材屋面应安装平整，固定方法正确，密封完整，排水坡度应符合原设计要求。

（2）金属板材屋面的檐口线、泛水段应顺直，无起伏现象。

5. 聚脲涂层

（1）防水层厚度应符合原设计要求，喷涂平均厚度应不低于设计要求，最薄处应达到设计厚度的90%。

（2）防水层表面应干净、平整，无坠流、堆积现象，颜色均匀，无污物；保护层质量应符合原设计要求。

附表 1.14-1 彩钢瓦渗漏施工质量验收评定表

工程名称、部位			评定日期	年 月 日
1	防水层平整度	满足设计要求，其表面洁净，不得有污染现象		
2	防水层表面	不漏涂，不堆积，喷涂均匀，无气泡等缺陷		
3	涂层厚度	符合设计要求		
4	防护层与基层黏结强度	≥2.5MPa		
评 定 意 见				工程质量等级
检查项目___项符合质量标准，合格率为___%				
维修单位		年 月 日	项目管理单位	年 月 日

附表 1.14-2 聚脲封堵工序施工质量验收评定表

工程名称、部位			施工日期		年 月 日— 年 月 日		
项次		检验项目	质量要求	检查记录		合格数	合格率/%
主控项目	1	性能指标	防水涂料、底涂料、层间处理剂性能指标符合设计要求				
	2	喷涂厚度	不小于设计厚度				
一般项目	1	基层与基面处理	应干净、干燥、平整,不得有空鼓、松动、起砂、脱皮、油渍等缺陷				
	2	防水层与基层	应黏结牢靠,不得有针孔、气泡、空鼓、翘边、开口漏喷漏涂等缺陷				
	3	外观检查	表面干净、平整,无流坠、堆积现象,颜色均匀,无污物				
评 定 意 见					工程质量等级		
检查项目____项符合质量标准,合格率为____%							
维修单位				项目管理单位			
			年 月 日				年 月 日

十五、房屋保温防水维修

(一) 维修施工方法

1. 外围护保温系统修缮选用表层修补法

（1）涂料饰面出现龟裂，应在裂缝区域批嵌柔性防水腻子后，重新恢复饰面（涂料）层；当出现大面积龟裂，可在柔性胶泥内嵌耐碱玻纤网布后，做涂料饰面层。

（2）涂料饰面出现空鼓、剥落，应将空鼓、剥落区域饰面层铲除、清理至抹面层，进行界面处理后按原样恢复饰面（涂料）层。

（3）真石漆饰面出现不平整、空鼓、掉皮，应将凸起敲掉并打磨平整，空鼓部分凿掉并重新抹灰，底层处理合格后，重新做质感防水腻子、底漆和喷涂真石漆。

（4）保温系统表面有孔洞，以及薄抹灰系统的保护层或面砖脱落后出现凹凸不平保温层，可在保温层表面抹压无机保温材料后，宜用柔性胶泥内嵌耐碱玻纤网布，做涂料饰面层。

（5）保温系统抗拉强度低于设计值，但大于设计值 70% 的，界面处理后，基层加固（辅助锚固件）处理，宜用柔性胶泥内嵌耐碱玻纤网布，恢复饰面层。

2. 涂膜防水层渗漏修缮法

涂膜防水层渗漏修缮施工应符合下列规定：

（1）基层处理应符合修缮方案的要求，基层的干燥程度，应视所选用的涂料特性而定。

（2）涂膜防水层修缮时，天沟、檐沟的坡度应符合原设计要求。

（3）涂膜防水层的厚度应符合国家现行有关标准的规定。

（4）涂膜附加层中使用胎体增强材料宜采用聚酯无纺布或化纤无纺布。

（5）涂膜防水层裂缝修缮，应沿裂缝铺贴带有胎体增强材料的空铺附加层，其空铺宽度宜为 100mn。

（6）涂膜防水层修缮，应在空铺后铺贴带有胎体增强材料的涂膜附加层，且新旧涂膜防水层搭接宽度不应小于100mm。

（7）根据基层条件、涂膜成型等具体条件，涂膜防水可分别选用刮涂、刷涂或喷涂施工法。

（8）防水涂膜应分遍涂布，待先涂布的涂料干燥成膜后，方可涂布后一遍涂料，且前后两遍涂料的涂布方向应互相垂直。

（9）防水涂膜应多遍刮、涂或喷涂，涂层的厚度应均匀，且表面平整，总厚度应达到设计要求。

（10）采用刮涂或刷涂法施工时，每遍涂布的推进方向宜与前一遍相互垂直。

（11）涂膜防水层的收头，应采用防水涂料多遍涂刷或用密封材料封严。

（12）对已开裂、渗水的部位，应凿出凹槽后再嵌填密封材料，并增设一层或多层带有胎体增强材料的附加层。

（13）涂膜防水层中胎体增强材料长边搭接宽度不应小于50mm，短边搭接宽度不应小于70mm；上、下层胎体增强材料的长边搭接缝应错开，且不得小于幅宽的1/3。

（二）质量标准

1. 表面补修法施工质量评定

表面补修法施工质量验收评定见附表1.15-1。

（1）铲除缺陷区域涂层。缺陷区域铲除至抹面层，基面处理满足施工要求。

（2）耐碱玻纤网布、防水腻子等保温系统材料满足设计要求。

（3）施工后饰面层应恢复原样。

2. 涂膜防水层法施工质量评定

涂膜防水层法施工质量验收评定见附表1.15-2。

（1）基层处理满足施工要求。

（2）防水层表面平整，总厚度应达到设计要求。

（3）涂膜防水层的收头完好。

（4）涂膜防水层中胎体增强材料长边搭接宽度、短边搭接宽度和搭接方法应符合原设计要求。

附表 1.15-1　表面补修法施工质量验收评定表

工程名称、部位		评定日期		年　月　日
项次	检查项目	质量标准		检验记录
1	铲除缺陷区域涂层	满足施工要求		
2	耐碱玻纤网布、防水腻子等保温系统材料	符合设计要求		
3	施工后饰面层	恢复原样		
评定意见				工程质量等级
检查项目____项符合质量标准，合格率为____%				
维修单位		年　月　日	项目管理单位	年　月　日

附表 1.15-2 涂膜防水层法施工质量验收评定表

工程名称、部位			评定日期		年　月　日
项次	检查项目		质量标准		检验记录
1	基层处理		满足施工要求		
2	防水层表面		平整		
3	防水层厚度		符合设计要求		
4	涂膜防水层的收头		完好		
5	胎体增强材料搭接		符合设计要求		
评定意见					工程质量等级
检查项目＿＿项符合质量标准，合格率为＿＿%					
维修单位		年　月　日	项目管理单位		年　月　日

附录 2　特殊工程维修推荐施工方法及质量标准

一、混凝土边墙加高

（一）工程部位

溢洪道尾水渠、电站尾水渠边墙。

（二）常见问题

边墙高度不能满足工程泄流安全要求，需要在原来高度基础上进行加高。

（三）技术处理措施

溢流边墙加高施工步骤如下。

1. 凿毛

该工程需要迎水面作业，施工期间溢洪道处于泄洪状态，临水作业高度在 15m 以上，需要搭设悬挑脚手架，搭设时严格按照规范标准执行。在边墙上表面用电镐进行反复凿毛，并用鼓风机将表面碎石杂质清理干净。

2. 钻孔

按照设计图纸，清理基面后，确定锚杆孔的位置，用电镐钻孔，在边墙上表面凿毛，并清理干净。

3. 注浆

钻孔完成后，将采用一定比例配置的环氧树脂、水泥混合浆液注入锚杆孔，直到孔内溢出砂浆为止。

4. 锚筋

将符合设计要求的钢筋插入注浆孔内并凿实，安装好锚杆后，清理基础面，除去杂物。

5. 安装模板

模板安装前，必须按设计图纸测量放样，重要结构应多设控制点，以利检查校正。模板安装过程中，必须经常保持足够的临时固定设施，以防倾覆。模板的钢拉杆不应弯曲。伸出混凝土外露面的拉杆宜采用端部可拆卸的结构型式。拉杆与锚环的连接必须牢固。支架支承在坚实的地基或者混凝土上，并应有足够的支承面积。模板的面板应涂脱模剂。

6. 混凝土浇筑及养护

浇筑前，按照规范要求留样做力学试验。混凝土浇筑采取分仓间隔浇筑，每仓分层浇筑，连续进行。混凝土的捣实应达到最大密实度，采用插入式振捣器振捣，每一位置的振捣时间应以混凝土不再显著下沉、不出气泡并开始泛浆时为准，并应避免振捣过度。浇筑完成后，4~6h，及时压出光面。混凝土养护时间为28d。

（四）质量标准

混凝土边墙施工质量验收评定见附表2.1-1~附表2.1-7。

（1）基面清理。垫层坡面符合设计要求；基础清理符合设计要求；混凝土基础面洁净、无乳皮，表面成毛面、无积渣杂物。

（2）钻孔植筋。锚孔位置、间距符合设计要求；锚孔直径、锚固深度经拉拔试验后满足设计要求；植入锚筋时锚孔清洁、无渣屑。

（3）布设钢筋网。钢筋的数量、规格尺寸、安装位置符合质量标准和设计的要求；钢筋接头的力学性能符合规范要求和国家及行业有关规定；焊接接头和焊缝外观不允许有裂缝、脱焊点、漏焊点，表面平顺，没有明显的咬边、凹陷、气孔等，钢筋不应有明显烧伤；钢筋连接部分检验项目符合设计要求且在允许偏差之内；保护层厚度、钢筋长度方向、钢筋间距在允许偏差范围之内。

（4）模板制作安装。滑模结构及其牵引系统牢固可靠，便于施工，并应设有安全装置；模板及其支架满足设计稳定性、刚度和强度要求；模板表面处理干净，无任何附着物，表面光滑；防腐剂涂抹均匀；滑模及滑模轨道制作及安装部分检测项目满足允许偏差。

（5）混凝土面板浇筑。混凝土浇筑连续，不允许仓面混凝土出现初凝现象，外观光滑平整；施工缝按设计要求处理；无贯穿性裂缝，出现裂缝按设计要求处理；铺筑厚度符合规范要求；面板厚度符合设计要求，偏差不得大于设计尺寸的10%；混凝土养护符合设计要求。

（6）混凝土面板外观。形体尺寸符合设计要求或允许偏差符合设计要求；重要部位缺损不允许出现缺损；表面平整度符合设计要求。

附表 2.1-1　混凝土边墙施工单元质量验收评定表

工程名称、部位		施工日期	年　月　日—　年　月　日
项次	工序名称	工序质量验收评定等级	
1	混凝土基础面处理		
	混凝土施工缝面处理		
2	模板制作及安装		
3	钢筋制作及安装		
4	预埋件制作及安装		
5	混凝土浇筑		
6	混凝土外观质量		
评定意见			工程质量等级
检查项目____项符合质量标准，合格率为____%			
维修单位		项目管理单位	
	年　月　日		年　月　日

198

附表 2.1-2　混凝土基础面、施工缝面处理工序施工质量验收评定表

工程名称、部位				施工日期	年　月　日— 　　年　月　日		
项次			检验项目	质量要求	检查记录	合格数	合格率/%
基础面	主控项目	1	岩基	符合设计要求			
		2	软基	预留保护层已挖除；基础面符合设计要求			
	一般项目	1	地表水和地下水	妥善引排或封堵			
			岩面清理	符合设计要求；清洗洁净，无积水，无积渣杂物			
施工缝面处理	主控项目	1	施工缝面凿毛	刷毛或冲毛，无乳皮，表面成毛面			
	一般项目	1	施工缝面清理	符合设计要求；清洗洁净，无积水，无积渣杂物			
评定意见					工程质量等级		
检查项目___项符合质量标准，合格率为___%							
维修单位				年　月　日	项目管理单位		年　月　日

附表 2.1-3　混凝土模板制作及安装工序施工质量验收评定表

工程名称、部位			施工日期		年　月　日—	年　月　日		
项次		检验项目		质量要求	检查记录	合格数	合格率/%
主控项目	1	稳定性、刚度和强度		符合模板设计要求			
	2	结构物边线与设计边线		钢模：允许偏差 0～+10mm；木模：允许偏差 0～+15mm			
	3	结构物水平断面内部尺寸		允许偏差±20mm			
	4	承重模板标高		允许偏差±5mm			
一般项目	1	相邻两板面错台	外露表面	钢模：允许偏差 2mm；木模：允许偏差 3mm			
			隐蔽内面	允许偏差 5mm			
	2	局部不平整度	外露表面	钢模：允许偏差 3mm；木模：允许偏差 5mm			
			隐蔽内面	允许偏差 10mm			

200

项次		检验项目		质量要求	检查记录	合格数	合格率/%
一般项目	3	板面缝隙	外露表面	钢模：允许偏差 1mm；木模：允许偏差 2mm			
			隐蔽内面	允许偏差 2mm			
	4	模板外观		规格符合设计要求；表面光洁、无污物			
	5	预留孔、洞尺寸边线		钢模：允许偏差 0~+10mm；木模：允许偏差 0~+15mm			
	6	预留孔、洞中心位置		允许偏差 ±10mm			
	7	脱模剂		质量符合标准要求，涂抹均匀			

评 定 意 见	工程质量等级
检查项目___项符合质量标准，合格率为___%	

维修单位		项目管理单位	
	年 月 日		年 月 日

附表 2.1-4　混凝土钢筋制作及安装工序施工质量验收评定表

工程名称、部位				施工日期	年　月　日—	年　月　日

项次			检验项目	质量要求	检查记录	合格数	合格率/%
主控项目	1		钢筋的数量、规格尺寸、安装位置	符合质量标准和设计要求			
	2		钢筋接头的力学性能	符合规范要求和国家及行业有关规定			
	3		焊接接头和焊缝外观	不允许有裂缝、脱焊点、漏焊点，表面平顺，没有明显的咬边、凹陷、气孔等，钢筋不应有明显烧伤			
	4	钢筋连接 电弧焊	帮条对焊接头中心	纵向偏移差不大于 $0.5d$（d 为焊接头直径，下同）			
			接头处钢筋轴线的曲折	$\leqslant 4°$			
			焊缝 长度	允许偏差 $-0.5d$			
			焊缝 宽度	允许偏差 $-0.1d$			
			焊缝 高度	允许偏差 $-0.05d$			
			焊缝 表面气孔夹渣	在 $2d$ 长度上数量不多于 2 个；气孔、夹渣的直径不大于 3mm			

202

项次		检验项目		质量要求	检查记录	合格数	合格率/%
主控项目	4 钢筋连接	对焊及熔槽焊	焊接接头根部未焊透深度	$\phi25$ ~ $40mm$ 钢筋	$\leq 0.15d$			
				$\phi40$ ~ $70mm$ 钢筋	$\leq 0.10d$			
			接头处钢筋中心线的位移	$0.10d$ 且不大于 $2mm$			
			蜂窝、气孔、非金属杂质	焊缝表面（长为 $2d$）和焊缝截面上不多于 3 个，且每个直径不大于 $1.5mm$			
		绑扎连接	缺扣、松扣	$\leq 20\%$，且不集中			
			弯钩朝向正确	符合设计图纸			
			搭接长度	允许与设计值偏差 $-0.05mm$			

项次			检验项目		质量要求	检查记录	合格数	合格率/%
主控项目	4	钢筋连接	机械连接	带肋钢筋冷挤压连接接头	压痕处套筒外形尺寸	挤压后套筒长度应为原套筒长度的 1.10~1.15 倍，或压痕处套筒的外径波动范围为原套筒外径的 0.8~0.9 倍			
					挤压道次	符合型式检验结果			
					接头弯折	≤4°			
					裂缝检查	挤压后肉眼观察无裂缝			
				直（锥）螺纹连接接头	丝头外观质量	保护良好，无锈蚀和油污，牙形饱满光滑			
					套头外观质量	无裂纹或其他肉眼可见缺陷			
					外露丝扣	无 1 扣以上完整丝扣外露			
					螺纹匹配	丝头螺纹与套筒螺纹满足连接要求，螺纹结合紧密，无明显松动，以及相应处理方法得当			

项次		检验项目		质量要求	检查记录	合格数	合格率/%
主控项目	5	钢筋间距		无明显过大过小的现象			
	6	保护层厚度		允许偏差±1/4净保护层厚			
一般项目	1	钢筋长度方向		允许偏差±1/2净保护层厚			
	2	同一排受力钢筋间距	排架、柱、梁	允许偏差±0.5d			
			板、墙	允许偏差±0.1倍间距			
	3	双排钢筋,其排与排间距		允许偏差±0.1倍排距			
	4	梁与柱中箍筋间距		允许偏差±0.1倍箍筋间距			

评 定 意 见	工程质量等级
检查项目____项符合质量标准,合格率为____%	

维修单位	年 月 日	项目管理单位	年 月 日

附表 2.1-5 混凝土预埋件制作及安装工序施工质量验收评定表

工程名称、部位				施工日期	年 月 日— 年 月 日		
项次		检验项目		质量要求	检查记录	合格数	合格率 /%
止水片、止水带	主控项目	1	片（带）外观	表面平整，无浮皮、锈污、油渍、砂眼、钉孔、裂纹等			
		2	基座	符合设计要求（按基础面要求验收合格）			
		3	片（带）插入深度	符合设计要求			
		4	沥青井（柱）	位置准确、牢固，上下层衔接好，电热元件及绝热材料埋设准确，沥青填塞密实			
		5	接头	符合工艺要求			
	一般项目	1	片（带）偏差	宽	允许偏差±5mm			
				高	允许偏差±2mm			
				长	允许偏差±20mm			
		2	搭接宽度	金属止水片	≥20mm，双面焊接			
				橡胶、PVC止水带	≥100mm			
				金属止水片与PVC止水带接头栓接长度	≥350mm（螺栓栓接法）			

206

项次			检验项目	质量要求	检查记录	合格数	合格率/%
止水片、止水带	一般项目	3	片（带）中心线与接缝中心线安装偏差	允许偏差±5mm			
伸缩缝（填充材料）	主控项目	1	伸缩缝缝面	平整、顺直、干燥，外露铁件应割除，确保伸缩有效			
	一般项目	1	涂敷沥青料	涂刷均匀平整，与混凝土黏结紧密，无气泡及隆起现象			
		2	粘贴沥青油毛毡	铺设厚度均匀平整、牢固、搭接紧密			
		3	铺设预制油毡板或其他闭缝板	铺设厚度均匀、平整、牢固，相邻块安装紧密、平整、无缝			
排水系统	主控项目	1	孔口装置	按设计要求加工、安装，并进行防锈处理，安装牢固，不应有渗水、漏水现象			
		2	排水管通畅性	通畅			

项次			检验项目	质量要求	检查记录	合格数	合格率/%
排水系统	一般项目	1	排水孔倾斜度	允许偏差4%			
		2	排水孔(管)位置	允许偏差100mm			
		3	基岩排泄水孔 倾斜度 孔深不小于8m	允许偏差1%			
			孔深小于8m	允许偏差2%			
			深度	允许偏差±0.5%			
冷却及灌浆管路	主控项目	1	管路安装	安装牢固、可靠、接头不漏水、不漏气、无堵塞			
	一般项目	1	管路出口	露出模板外300~500mm，妥善保护，有识别标志			
铁件	主控项目	1	高程、方位、埋入深度及外露长度等	符合设计要求			
	一般项目	1	铁件外观	表面无锈皮、油污等			
		2	锚筋钻孔位置 梁、柱的锚筋	允许偏差20mm			
			钢筋网的锚筋	允许偏差50mm			

208

项次		检验项目	质量要求	检查记录	合格数	合格率/%
铁件	一般项目	3 钻孔底部的孔径	锚筋直径 d +20mm			
		4 钻孔深度	符合设计要求			
		5 钻孔的倾斜度相对设计轴线	允许偏差5%（在全孔深度范围内）			

评　定　意　见	工程质量等级
检查项目____项符合质量标准,合格率为____%	

维修单位		项目管理单位	
	年　月　日		年　　月　　日

附表 2.1-6 混凝土浇筑工序施工质量验收评定表

工程名称、部位			施工日期	年 月 日— 年 月 日			
项次		检验项目	质量要求	检查记录	合格数	合格率/%
混凝土铺筑碾压	主控项目	1 碾压参数	应符合碾压试验确定的参数值			
		2 运输、卸料、平仓和碾压	符合设计要求，卸料高度不大于1.5m；迎水面防渗范围平仓与碾压方向不允许与坝轴线垂直，摊铺至碾压间隔时间不宜超过2h			
		3 层间允许间隔时间	符合允许间隔时间要求			
		4 控制碾压厚度	满足碾压试验参数要求			
		混凝土压实密度	符合规范或设计要求			
	一般项目	1 碾压条带边缘的处理	搭接20~30cm宽度与下一条同时碾压			
		2 碾压搭接宽度	条带间搭接10~20cm；端头部位搭接不少于100cm			
		3 碾压层表面	不允许出现骨料分离			
		4 混凝土养护	仓面保持湿润，养护时间符合要求，仓面养护到上层碾压混凝土铺筑为止			

210

项次			检验项目	质量要求	检查记录	合格数	合格率
变态混凝土	主控项目	1	灰浆拌制	出水泥与粉煤灰并掺用外加剂拌制，水胶比宜不大于碾压混凝土的水胶比，保持浆体均匀			
		2	灰浆铺洒	加浆量满足设计要求，铺洒方式符合设计及规范要求，间歇时间低于规定时间			
		3	振捣	符合规定要求，间隔时间符合规定标准			
	一般项目	1	与碾压混凝土振碾搭接宽度	应大于20cm			
		2	铺层厚度	符合设计要求			
		3	施工层面	无积水，不允许出现骨料分离；特殊地区施工时空气温度应满足施工层面需要			

评 定 意 见	工程质量等级
检查项目___项符合质量标准，合格率为___%	

维修单位	年　月　日	项目管理单位	年　月　日

211

附表 2.1-7 混凝土外观质量检查工序施工质量验收评定表

工程名称、部位		施工日期		年 月 日— 年 月 日		
项次		检验项目	质量要求	检查记录	合格数	合格率/%
主控项目	1	有平整度要求的部位	符合设计及规范要求			
	2	形体尺寸	符合设计要求或允许偏差±20mm			
	3	重要部位缺损	不允许出现缺损			
一般项目	1	表面平整度	每2m偏差不大于8mm			
	2	麻面/蜂窝	麻面/蜂窝累计面积不超过0.5%。经处理符合设计要求			
	3	孔洞	单个面积不超过0.01m²，且深度不超过骨料最大粒径。经处理符合设计要求			
	4	错台、跑模、掉角	经处理符合设计要求			
	5	表面裂缝	短小、深度不大于钢筋保护层厚度的表面裂缝经处理符合设计要求			
评 定 意 见				工程质量等级		
检查项目____项符合质量标准，合格率为____%						
维修单位			年 月 日	项目管理单位		年 月 日

二、原状岸坡修建混凝土面板护坡

（一）工程部位

溢洪道进水渠、尾水渠右岸和电站进水渠左岸等原状岸坡。

（二）常见问题

岸坡出现塌岸、退岸现象。

（三）技术处理措施

混凝土面板护坡施工主要过程如下。

1. 测量放样及基面清理

（1）沿坡面搭设人工活动爬梯，供人行走。

（2）测量人员在挤压边墙的坡面上放出面板垂直缝中心线和边线，并用白石灰或打铁钎标识。

（3）在挤压边墙的坡面上布置 3m×3m 的网格进行平整度测量，按设计线逐格检查，其偏差应不超过设计技术要求。对局部超过技术要求的部分进行修整，以确保面板设计厚度。

（4）人工沿坡面采用压力水清洗干净，确保挤压边墙不被损坏。若有损坏，应及时进行修补。

2. 砂浆垫层或垫块施工

（1）首先拆除趾板止水片的保护设施，锚杆、钢筋露头采用砂轮机磨平。测量人员沿坡面放出砂浆垫层的中心线和两侧边线，放出沥青砂垫块的埋设边线，并用白石灰或插铁钎拉线标识。人工采用铁钎沿放样边线凿松后开挖槽，并按设计要求修整成型。垫块槽开挖时，沿面板坡面方向适当超挖，以便埋设垫块。砂浆垫层或沥青砂垫块槽开挖时，严格按放样边线进行控制，使槽边缘固坡砂浆完整不损坏；若有损坏，应及时修补。同时，注意保护趾板侧的止水片，不得移位或损坏。

（2）C10 砂浆垫层采用左岸拌和系统拌制，5t 自卸车运输，人工铺设，小型振动碾碾压密实。沥青砂垫块在综合加工厂预制，每块长 50cm，5t 自卸汽车运至现场，人工安装，现场拌制热沥青砂浆进行嵌缝和局部边角部位修补。

（3）碾压砂浆护面完成后，再喷涂阳离子沥青乳液保护。先在底部喷涂浓度为 25%～50% 的水稀释阳离子沥青乳液，层用量为 1.4L/m²；底部涂层干燥养护后，喷第一层封闭层的阳离子沥青乳液，层用量为 1.4～2.8L/m²，沥青乳液喷后用 5mm 厚无岩粉的砂覆盖上游面，砂的用量为 1m³/100m²，然后用轻型碾无振碾压一遍，封闭层喷涂 24h 后，清除表面散砂，再喷第一层沥青乳液和砂，用轻型碾无振碾压一遍。振动碾的重量通过试验确定，既不压坏碾压砂浆，又把砂压进沥青里。阳离子沥青乳液直接采购配制好的阳离子沥青乳液材料，经现场检验合格报设计和监理审批后实施。

3. 钢筋工程

面板钢筋为单层双向钢筋网，周边缝 10m 范围布设加强钢筋网。钢筋在综合加工厂加工，8t 平板车运输至坝前施工平台，进行现场安装。

（1）布设架立筋。每一条块钢筋网安装前首先在坡面布立好插筋采用 φ25mm 螺纹钢，间排距 3m×3m，打入挤压边墙 40cm。通过测量放样，在插筋上标出结构钢筋的设计位置。

（2）面板钢筋铺设。钢筋由简易钢筋台车辅以人工运至坝坡面上，人工放置、绑扎、焊接。钢筋台车由布置在坝前施工平台的 2 台 10t 卷扬机牵引。

4. 止水安装

铜止水片采用止水片成型挤压机在作业面附近连续压制成型，异型接头在厂家定做，现场人工安装。

5. 模板工程

面板混凝土浇筑采用无轨滑模，侧模采用钢木组合模板，周边三角区采用滑模和翻转模板，局部三角区辅以组合钢模板。模板表面平整、光洁、无孔洞、不变形，具有较大的强度和刚度。模板安

214

装时，必须严格按测量准确放样的设计边线进行安装。

（1）滑模。滑模主要由底部钢板、上部型钢桁架及引机具组成，总长 14m，有效长度 12m，有效宽度 1.2m，共加工制作 2 套。8m 宽面板采用 14m 宽滑模改装。滑模前部焊接振捣平台，后部焊接水平抹面平台，顶部搭设防雨棚，另加工水箱做配重（工作时加水，不工作时放空）。前端与坝面平台上 2 台 10t 卷扬机引绳连接。

滑模在坝顶拼装完后，采用 25t 汽车吊将滑模吊到侧模上。滑模由自身行走机构支撑后采用手拉葫芦保险绳固定滑模，穿系卷扬机牵引系统，轮胎吊卸钩，后对滑模试滑 2~3 次。在确保牵引装置稳固可靠后，卸下手拉葫芦。混凝土浇筑前，将滑模滑移至浇筑条块的底部。

（2）侧模。侧模采用钢木组合结构。其刚度能保证无轨滑模直接在其顶部滑动时，不受到破坏。

侧模外侧采用角钢焊接成的三角支架支撑固定，内侧采用短钢筋将侧模与结构钢筋网焊接固定，人工从下至上安装。侧模之间的接缝必须平整严密，无错台现象。混凝土浇筑过程中，设置专人负责经常检查、调整模板的形状和位置。对侧模的加固支撑，要加强检查与维护，防止模板变形或移位。

侧模安装时，确保止水片安装牢固稳定，并注意保护已埋设的止水片。

6. 溜槽架设

溜槽采用轻型、耐磨、光洁、高强度的材料制作，每节长 2.0m。无轨滑模就位后，即可在钢筋网上布置 U 形溜槽，分段固定在钢筋网上，其上接坝面集料斗，下至仓位。

为了减小摆幅，溜槽布置在条块中部；对周边三角区面板，直接将溜槽延伸至仓面内，人工摆动溜槽布料。

溜槽采用对接式连接，连接必须牢固可靠，不易脱落，并保证拆装方便。溜槽上采用铝合金材料作盖板，内壁进行光滑耐磨处理。溜槽内每隔 10~15m 设置软挡板，以防止骨料分离。

7. 混凝土拌制与运输

面板混凝土由左岸混凝土拌和系统集中拌制。5t 自卸汽车水平运输，经上坝公路至坝顶，集料斗直接受料，溜槽垂直运输。

8. 周边三角区混凝土浇筑

对于条块的三角块，采用翻转模板或旋转法浇筑。当面板垂直缝与趾板夹角较小时，采用翻转模板逐层浇筑。面板垂直缝与趾板夹角较大时，采用旋转法浇筑。当采用旋转法浇筑时，沿趾板方向做一导向轨滑模，可沿趾板轨道定向滑移。滑模另一端通过卷扬机牵绕导轨端转动。局部边角未覆盖部位采用翻转模板施工。混凝土浇筑时，将溜槽接至仓面内，人工摆动溜槽布料。从低端开始浇筑混凝土，逐步向高端浇满，并逐步提高滑模的较低一端，使滑模绕导向端转动，直到低端滑升至与高端相平齐后，去掉导轨，滑模进入正常滑升。

9. 面板混凝土浇筑与滑模滑升

面板混凝土严格按规定厚度分层布料，每层厚度为 25~30cm。混凝土振捣时，操作人员站在滑模前沿的振捣平台上进行施工。仓面采用 ϕ50mm 的插入式振捣器充分振捣；靠近侧模和止水片的部位，采用 ϕ30mm 软管振捣器振捣。选用专人振捣，插点均匀，间距不大于40cm，深度达到新浇混凝土层底部以下5cm。不漏、欠振或过振，以混凝土不再显著下沉、不出现气泡并开始泛浆时为准。

模板滑升由坝面 2 台 10t 慢速卷扬机牵引，滑升时两端提升平衡、匀速、同步；每次滑升幅度为 20~30cm。滑模的滑升速度，取决于脱模时混凝土坍落度、凝固状态和气温等因素，一般滑模平均滑行速度为 1~2m/h，具体参数由现场试验确定。对脱模后的混凝土表面，及时进行人工修整、平和抹面。

10. 二次压面

面板混凝土表面脱水后，人工对混凝土表面进行二次压面抹平，确保混凝土表面密实、平整，避免面板表面形成微通道或早期裂缝。

11. 混凝土养护与防护

（1）混凝土养护。二次压面后的混凝土，及时喷表面养护剂进行养护，防止表面水分过快蒸发而产生干缩裂缝。面板混凝土采用绒毛毡保温被或双层草袋贴于混凝土表面，采用花水管不间断喷水，以达到保温润湿的目的。养护时间至水库蓄水，露出水面部分要继续养护至工程移交。

（2）混凝土防护。混凝土在养护期间，要注意保护混凝土表面不受损伤。在后浇块施工时，滑模直接在其表面行走，应防止表面磨损；如有损坏，应及时采用经设计或监理工程师批准的材料和方法进行处理。

（四）质量标准

混凝土面板护坡质量标准按施工工序进行评定，其施工质量验收评定见附表 2.2-1~附表 2.2-7。

（1）基面清理。垫层坡面符合设计要求；基础清理符合设计要求；混凝土基础面洁净、无乳皮，表面成毛面，无积渣杂物。

（2）钻孔植筋。锚孔位置、间距符合设计要求；锚孔直径、锚固深度经拉拔试验后满足设计要求；植入锚筋时锚孔清洁、无渣屑。

（3）布设钢筋网。钢筋的数量、规格尺寸、安装位置符合质量标准和设计的要求；钢筋接头的力学性能符合规范要求和国家及行业有关规定；焊接接头和焊缝外观不允许有裂缝、脱焊点、漏焊点，表面平顺，没有明显的咬边、凹陷、气孔等，钢筋不应有明显烧伤；钢筋连接部分检验项目符合设计要求且在允许偏差之内；保护层厚度、钢筋长度方向、钢筋间距在允许偏差范围之内。

（4）模板制作安装。滑模结构及其牵引系统牢固可靠，便于施工，并应设有安全装置；模板及其支架满足设计稳定性、刚度和强度要求；模板表面处理干净，无任何附着物，表面光滑；防腐剂涂抹均匀；滑模及滑模轨道制作及安装部分检测项目满足允许偏差。

（5）混凝土面板浇筑。混凝土浇筑连续，不允许仓面混凝土出现初凝现象，外观光滑平整；施工缝按设计要求处理；无贯穿性裂缝，出现裂缝按设计要求处理；铺筑厚度符合规范要求；面板厚度符合设计要求，偏差不得大于设计尺寸的 10%；混凝土养护符合设计要求。

（6）混凝土面板外观。形体尺寸符合设计要求或允许偏差符合设计要求；重要部位不允许出现缺损；表面平整度符合设计要求。

附表 2.2-1　混凝土面板施工单元质量验收评定表

工程名称、部位		施工日期	年　月　日—　　年　月　日	
项次	工序名称（或编号）		工序质量验收评定等级	
1	混凝土基础面处理			
	混凝土施工缝面处理			
2	模板制作及安装			
3	预埋件制作及安装			
4	混凝土浇筑			
5	混凝土成缝			
6	混凝土外观质量			
评定意见			工程质量等级	
检查项目＿＿项符合质量标准，合格率为＿＿%				
维修单位		年　月　日	项目管理单位	年　月　日

附表 2.2-2 混凝土基础面、施工缝面处理工序施工质量验收评定表

工程名称、部位				施工日期	年 月 日— 年 月 日		
项次			检验项目	质量要求	检查记录	合格数	合格率/%
基础面	主控项目	1	岩基	应符合设计要求			
			软基	预留保护层已挖除；基础面应符合设计要求			
		2	地表水和地下水	应妥善引排或封堵			
	一般项目	1	岩面清理	应符合设计要求；应清洗洁净，无积水，无积渣杂物			
施工缝面处理	主控项目	1	施工缝面凿毛	应刷毛或冲毛，无乳皮，表面应成毛面			
	一般项目	1	施工缝面清理	应符合设计要求；应清洗洁净，无积水，无积渣杂物			

评定意见	工程质量等级
检查项目___项符合质量标准，合格率为___%	
维修单位　　　　　　　　　　　年 月 日	项目管理单位　　　　　　　　　　　年 月 日

附表 2.2-3 混凝土模板制作及安装工序施工质量验收评定表

工程名称、部位			施工日期	年 月 日— 年 月 日			
项次		检验项目	质量要求	检查记录	合格数	合格率/%
主控项目	1	稳定性、刚度和强度	应符合模板设计要求			
	2	结构物边线与设计边线	钢模：允许偏差 0~+10mm；木模：允许偏差 0~+15mm			
	3	结构物水平断面内部尺寸	允许偏差±20mm			
	4	承重模板标高	允许偏差±5mm			
一般项目	1	相邻两板面错台 外露表面	钢模：允许偏差 2mm；木模：允许偏差 3mm			
		相邻两板面错台 隐蔽内面	允许偏差 5mm			
	2	局部不平整度 外露表面	钢模：允许偏差 3mm；木模：允许偏差 5mm			
		局部不平整度 隐蔽内面	允许偏差 10mm			
	3	板面缝隙 外露表面	钢模：允许偏差 1mm；木模：允许偏差 2mm			
		板面缝隙 隐蔽内面	允许偏差 2mm			
	4	模板外观	规格符合设计要求；表面光洁，无污物			

220

项次		检验项目	质量要求	检查记录	合格数	合格率/%
一般项目	5	预留孔、洞尺寸边线	钢模：允许偏差0~+10mm；木模：允许偏差0~+15mm			
	6	预留孔、洞中心位置	允许偏差±10mm			
	7	脱模剂	质量应符合标准要求，涂抹均匀			

评 定 意 见	工程质量等级
检查项目＿＿项符合质量标准，合格率为＿＿%	

维修单位		项目管理单位	
	年 月 日		年 月 日

221

附表 2.2-4 混凝土预埋件制作及安装工序施工质量验收评定表

工程名称、部位				施工日期	年 月 日—	年 月 日
项次		检验项目	质量要求	检查记录	合格数	合格率/%
止水片、止水带	主控项目	1 止水片(带)外观	表面应平整,无浮皮、锈污、油渍、砂眼、钉孔、裂纹等			
		2 基座	应符合设计要求(按基础面要求验收合格)			
		3 止水片(带)插入深度	应符合设计要求			
		4 沥青井(柱)	位置应准确、牢固,上、下层衔接好,电热元件及绝热材料埋设准确,沥青填塞密实			
		5 接头	应符合工艺要求			
	一般项目	1 片(带)偏差 宽	允许偏差±5mm			
		高	允许偏差±2mm			
		长	允许偏差±20mm			
		2 搭接长度 金属止水片	≥20mm,双面焊接			

项次			检验项目	质量要求	检查记录	合格数	合格率/%
止水片、止水带	一般项目	2 搭接长度	橡胶、PVC止水带	≥100mm			
			金属止水片与PVC止水带接头栓接长度	≥350mm（螺栓栓接法）			
		3	止水片（带）中心线与接缝中心线安装偏差	允许偏差±5mm			
伸缩缝（填充材料）	主控项目	1	伸缩缝缝面	平整、顺直、干燥，外露铁件应割除，确保伸缩有效			
	一般项目	1	涂敷沥青料	涂刷应均匀、平整，与混凝土黏结紧密，无气泡及隆起现象			
		2	粘贴沥青油毛毡	铺设厚度均匀、平整、牢固、搭接紧密			
		3	铺设预制油毡板或其他闭缝板	铺设厚度应均匀、平整、牢固，相邻块安装应紧密、平整、无缝			

223

项次			检验项目		质量要求	检查记录	合格数	合格率/%
排水系统	主控项目	1	孔口装置		按设计要求加工、安装，并进行防锈处理，安装牢固，不应有渗水、漏水现象			
		2	排水管通畅性		应通畅			
	一般项目	1	排水孔倾斜度		允许偏差4%			
		2	排水孔（管）位置		允许偏差100mm			
		3	基岩排泄水孔	倾斜度	孔深不小于8m	允许偏差1%			
					孔深小于8m	允许偏差2%			
				深度	允许偏差±0.5%			
冷却及灌浆管路	主控项目	1	管路安装		安装应牢固、可靠，接头应不漏水、不漏气、无堵塞			
	一般项目	1	管路出口		露出模板外300~500mm，应妥善保护，有识别标志			

224

项次			检验项目	质量要求	检查记录	合格数	合格率/%
铁件	主控项目	1	高程、方位、埋入深度及外露长度等	应符合设计要求			
	一般项目	1	铁件外观	表面应无锈皮、油污等			
		2	锚筋钻孔位置 梁、柱的锚筋	允许偏差20mm			
			锚筋钻孔位置 钢筋网的锚筋	允许偏差50mm			
		3	钻孔底部的孔径	锚筋直径 d +20mm			
		4	钻孔深度	应符合设计要求			
		5	钻孔的倾斜度相对设计轴线	允许偏差5% (在全孔深度范围内)			

评　定　意　见	工程质量等级
检查项目____项符合质量标准,合格率为____%	

维修单位		项目管理单位	
	年　月　日		年　月　日

225

附表 2.2-5　混凝土浇筑工序施工质量验收评定表

工程名称、部位				施工日期	年 月 日— 年 月 日		
项次		检验项目	质量要求	检查记录		合格数	合格率/%
混凝土铺筑碾压	主控项目	1　碾压参数	应符合碾压试验确定的参数值				
		2　运输、卸料、平仓和碾压	应符合设计要求，卸料高度不大于1.5m；迎水面防渗范围平仓与碾压方向不允许与坝轴线垂直，摊铺至碾压间隔时间不宜超过2h				
		3　层间允许间隔时间	应符合允许间隔时间要求				
		4　控制碾压厚度	应满足碾压试验参数要求				
		5　混凝土压实密度	应符合规范或设计要求				
	一般项目	1　碾压条带边缘的处理	搭接20~30cm宽度与下一条同时碾压				
		2　碾压搭接宽度	条带间搭接10~20cm；端头部位搭接应不少于100cm				
		3　碾压层表面	不允许出现骨料分离				
		4　混凝土养护	仓面应保持湿润，养护时间应符合要求，仓面养护应到上层碾压混凝土铺筑为止				

226

项次			检验项目	质量要求	检查记录	合格数	合格率/%
变态混凝土	主控项目	1	灰浆拌制	由水泥与粉煤灰并掺用外加剂拌制，水胶比宜不大于碾压混凝土的水胶比，保持浆体均匀			
		2	灰浆铺洒	加浆量应满足设计要求，铺洒方式应符合设计及规范要求，间歇时间应低于规定时间			
		3	振捣	应符合规定要求，间隔时间应符合规定标准			
	一般项目	1	与碾压混凝土振碾搭接宽度	应大于20cm			
		2	铺层厚度	应符合设计要求			
		3	施工层面	无积水，不允许出现骨料分离；特殊地区施工时空气温度应满足施工层面需要			
评定意见					工程质量等级		
检查项目___项符合质量标准，合格率为___%							
维修单位				年 月 日	项目管理单位		年 月 日

227

附表 2.2-6　混凝土成缝工序施工质量验收评定表

工程名称、部位			施工日期		年 月 日— 年 月 日		
项次		检验项目	质量要求		检查记录	合格数	合格率/%
主控项目	1	缝面位置	应满足设计要求				
	2	结构型式及填充材料	应满足设计要求				
	3	有重复灌浆要求横缝	制作与安装应满足设计要求				
一般项目	1	切缝工艺	应满足设计要求				
	2	成缝面积	应满足设计要求				
评定意见					工程质量等级		
检查项目___项符合质量标准，合格率为___%							
维修单位			年 月 日		项目管理单位		年 月 日

228

附表 2.2-7 混凝土外观质量检查工序施工质量验收评定表

工程名称、部位			施工日期	年 月 日— 年 月 日		
项次		检验项目	质量要求	检查记录	合格数	合格率/%
主控项目	1	有平整度要求的部位	应符合设计及规范要求			
	2	形体尺寸	应符合设计要求或允许偏差±20mm			
	3	重要部位缺损	不允许出现缺损			
一般项目	1	表面平整度	每2m偏差应不大于8mm			
	2	麻面/蜂窝	麻面/蜂窝累计面积应不超过0.5%。经处理符合设计要求			
	3	孔洞	单个面积应不超过0.01m^2，且深度应不超过骨料最大粒径。经处理符合设计要求			
	4	错台、跑模、掉角	经处理应符合设计要求			
	5	表面裂缝	短小、深度不大于钢筋保护层厚度的表面裂缝，经处理应符合设计要求			
评 定 意 见					工程质量等级	
检查项目___项符合质量标准，合格率为___%						
维修单位			年 月 日	项目管理单位		年 月 日

三、坝下新建排水系统

（一）工程部位

右副坝坝后下游。

（二）常见问题

存在浸没及滞水问题，导致附近居民地面潮湿、民房开裂、菜窖积水、居民房内积水、墙体倾斜等。

（三）技术处理措施

增设坝下排水系统，排水系统由主沟排水盲沟和支沟排水盲沟（碎石盲沟下部埋设混凝土盲管）、排水泵站组成，采用自流与提水相结合的排水方式。

1. 排水主沟及支沟开挖

排水沟主沟开挖深度以设计为准，主沟与支沟相连通，支沟方向垂直于坝轴线，排水沟视开挖情况考虑是否需要降水排水措施。

2. 无纺布铺设

在排水沟上游边坡铺设一层无纺布，在坡底及下游边坡铺设一层土工膜，根据开挖方法，无纺布不能顺排水沟长度方向铺设，铺设方法是把无纺布分段剪开垂直排水沟铺设，无纺布用木楔子钉在排水沟两侧边坡固定，防止回填砂砾石时无纺布掉落或褶皱。无纺布搭接 20cm，搭接处应人工缝合。

3. 砂砾石回填

回填料集中堆放，用装载机运到排水沟旁，利用挖掘机回填，人工整平。先沿排水沟坡底铺设 20cm 厚砂砾石，钢筋混凝土花管安装后，在花管周围继续回填砂砾石，砂砾石回填至高出混凝土花管顶部 20cm。

4. 开挖土回填

砂砾石回填完成后，在其顶部回填开挖土。

5. 钢筋混凝土花管安装

排水沟主沟、支沟的排水管应采用符合排水需要的钢筋混凝土圆形花管，均单排管布置，与钢筋错开布置。花管外包土工布，土工布接头处缝合处理，衔接边重叠处不小于 10cm。

安装方式采用人工配合挖掘机吊装，在挖掘机铲斗背部焊一个吊装钩，吊装绳用卡子卡紧后挂到吊装钩上，并穿过混凝土花管顶部孔洞，人工把管对接，确保混凝土花管底坡度不小于 2‰，安装前挂线，确保轮廓点放样准确，混凝土花管轴线平直。

6. 碎石铺设

砂砾石回填完成后，铺设 50cm 厚碎石，然后在其顶部铺设一层土工布，再继续铺设碎石（约 30cm 厚）至地面线。砂砾石与碎石中间部分回填开挖的土方，碎石铺设的目的是收集地表水。

7. 集水井（池）施工

集水井应设置至少 3 处，井底高程顺沿排水沟混凝土花管底高程，井深按地面高程设置。在排水主沟终点位置建设集水池，井（池）壁为浆砌石砌筑，石块应人工清理干净，砌筑时洒水润湿，上下错缝，砌缝灌浆饱满密实，无架空。井盖为混凝土预制板，井内壁设爬梯。集水井兼顾检查井功能。

8. 排水泵房建设

在排水沟终点集水井周边建设一间排水泵房，配备动力柜及抽水设施。泵房抽水直接进入现白楼管理区门前排水沟内（排水沟终点集水井周边）。

（四）质量标准

1. 土方开挖

土方开挖应开挖到设计高程；表土清理应符合施工要求，基础面无不良土质，渗水妥善引排或封堵，建基面清洁无积水。土方开挖施工质量验收评定见附表 2.3-1～附表 2.3-3。

2. 无纺布及土工膜铺设

土工膜防渗体铺设工程施工质量验收评定见附表 2.3-4～附表

2.3-8。

（1）铺摊厚度均匀，碾压密实度应符合设计要求，场地平整与垫层料铺范围应符合设计要求；无纺布、土工膜应无疵点、无破洞等。

（2）铺设。土工织物铺设工艺应符合要求，应平顺、松紧适度、无皱褶，与土面密贴。

（3）拼接。搭接或缝接应符合设计要求，缝接宽度应不小于10cm。

（4）周边锚固。锚固型式以及坡面防滑钉的设置应符合设计要求。

（5）回填。回填材料性能指标应符合设计要求，且不应含有损坏织物的物质；回填时间及时，超过48h应采取临时遮阳措施。

3. 混凝土花管安装

排水沟工程施工质量验收评定见附表2.3-9~附表2.3-11。混凝土花管安装应满足以下要求。

（1）材质、规格应符合设计要求。

（2）接头连接应严密、不漏水。

（3）保护排水管的材料材质。耐久性、透水性、防淤堵性能应满足设计要求。

（4）水管固定。应符合设计要求；与垫层接触应严密、不漏水。

（5）施工记录。应齐全、准确、清晰。

4. 碎石铺设

铺料厚度应符合设计要求；外观应平整，分区均衡上升，大粒径料应无集中现象。

5. 集水井施工

集水井施工质量验收评定见附表2.3-12。

（1）基础开挖及处理应符合设计要求。

（2）砂浆混凝土强度等级、配合比应符合设计要求。

（3）材料质量规格应符合国家标准。

（4）墙体砌筑。灰缝应饱满，排紧填实，无架空、对缝、通缝、空洞。

（5）砂浆抹面应符合设计要求。

6. 泵站建设

泵站工程施工质量验收评定见附表 2.3-13。

（1）房基。基础开挖夯实应达到设计要求。

（2）墙体砌筑。砂浆配比应符合设计要求；错缝砌筑，砂浆饱满。

（3）屋顶。盖板质量应达到设计要求，保温防水层应达到设计要求。

（4）抹灰装饰工程。配比应符合设计要求。

附表 2.3-1　土方开挖单元工程施工质量验收评定表

工程名称、部位		施工日期	年　月　日—　年　月　日
项次	工序名称（或编号）	工序质量验收评定等级	
1	表土及土质岸坡清理		
2	软基或土质岸坡开挖		
评　定　意　见		工程质量等级	
检查项目____项符合质量标准，合格率为____%			
维修单位	年　月　日	项目管理单位	年　月　日

附表 2.3-2 土及土质岸坡清理工序施工质量验收评定表

工程名称、部位			施工日期	年 月 日— 年 月 日		
项次	检验项目		质量要求	检查记录	合格数	合格率/%
主控项目	1	表土清理	树木、草皮、树根、乱石、坟墓以及各种建筑物应全部清除；水井、泉眼、地道、坑窖等洞穴的处理应符合设计要求			
	2	不良土质的处理	淤泥、腐殖质土、泥炭土应全部清除；对风化岩石、坡积物、残积物、滑坡体、粉土、细砂等处理应符合设计要求			
	3	地质坑、孔处理	构筑物基础区范围内的地质探孔、竖井、试坑的处理应符合设计要求；回填材料质量应满足设计要求			
一般项目	1	清理范围 人工施工	应满足设计要求，长、宽边线允许偏差为 0~50cm			
		清理范围 机械施工	应满足设计要求，长、宽边线允许偏差 0~100cm			
	2	土质岸边坡度	应不陡于设计边坡			
评 定 意 见				工程质量等级		
检查项目___项符合质量标准，合格率为___%						
维修单位			年 月 日	项目管理单位		年 月 日

附表 2.3-3　软基或土质岸坡开挖工序施工质量验收评定表

工程名称、部位				施工日期	年　月　日—	年　月　日

项次		检验项目	质量要求	检查记录	合格数	合格率/%
主控项目	1	保护层开挖	保护层开挖方式应符合设计要求，在接近建基面时，宜使用小型机具或人工挖除，不应扰动建基面以下的原地基			
	2	建基面处理	构筑物软基和土质岸坡开挖面平顺。软基和土质岸坡与土质构筑物接触时，采用斜面连接，无台阶、急剧变坡及反坡			
	3	渗水处理	构筑物基础区及土质岸坡渗水（含泉眼）应妥善引排或封堵，建基面应清洁、无积水			
一般项目	1	基坑断面尺寸及开挖面平整度（无结构要求无配筋）长或宽不大于10m	应符合设计要求，允许偏差-10~20cm			
		长或宽大于10m	应符合设计要求，允许偏差-20~30cm			
		坑（槽）底部标高	应符合设计要求，允许偏差-10~20cm			
		垂直或斜面平整度	应符合设计要求，允许偏差20cm			

235

项次		检验项目		质量要求	检查记录	合格数	合格率/%
一般项目	1	基坑断面尺寸及开挖面平整度	有结构要求配筋预埋件	长或宽不大于10m	应符合设计要求，允许偏差0~20cm			
				长或宽大于10m	应符合设计要求，允许偏差0~30cm			
				坑（槽）底部标高	应符合设计要求，允许偏差0~20cm			
				斜面平整度	应符合设计要求，允许偏差15cm			

评　定　意　见	工程质量等级
检查项目＿＿＿项符合质量标准，合格率为＿＿＿%	

维修单位	年　月　日	项目管理单位	年　月　日

附表 2.3-4　土工膜防渗体单元工程施工质量验收评定表

工程名称、部位		施工日期	年　月　日— 　年　月　日	
项次	工序名称（或编号）		工序质量验收评定等级	
1	下垫层和支持层			
2	土工膜备料			
3	土工膜铺设			
4	土工膜与刚性建筑物或周边连接处理			
5	上垫层			
6	防护层			
评　定　意　见			工程质量等级	
检查项目____项符合质量标准，合格率为____%				
维修单位	年　月　日		项目管理单位	年　月　日

附表 2.3-5　下垫层和支持层工序施工质量验收评定表

工程名称、部位			施工日期	年　月　日—	年　月　日		
项次		检验项目	质量要求		检查记录	合格数	合格率/%
主控项目	1	铺料厚度	铺料厚度应均匀，不超厚，表面平整，边线整齐				
			检测点允许偏差应不大于铺料厚度的10%，且不应超厚				
	2	铺填位置	铺填位置应准确，摊铺边线应整齐，边线偏差±5cm				
	3	接合部	纵、横向应符合设计要求，岸坡接合处的填料应无分离、架空				
	4	碾压参数	压实机具的型号、规格，碾压遍数、碾压速度、碾压振动频率、振幅和加水量应符合碾压试验确定的参数值				
	5	压实质量	相对密实度应不小于设计要求				
一般项目	1	铺填层面外观	铺填应力求均衡上升，无团块、无粗粒集中				
	2	层间结合面	上、下层间的接合面应无泥土、杂物等				
	3	压层表面质量	层面应平整，无漏压、欠压和出现弹簧土现象				
	4	断面尺寸	压实后的反滤层、过渡层的断面尺寸偏差值应不大于设计厚度的10%				

238

评 定 意 见			工程质量等级	
检查项目___项符合质量标准，合格率为___%				
维修单位		项目管理单位		
	年 月 日		年 月 日	

附表 2.3-6 土工膜备料工序施工质量验收评定表

工程名称、部位			施工日期	年 月 日— 年 月 日		
项次	检验项目	质量要求	检查记录	合格数	合格率/%
主控项目 1	土工膜的性能指标	土工膜的物理性能指标、力学性能指标、水力学指标以及耐久性指标应符合设计要求			
一般项目 1	土工膜的外观质量	应无疵点、破洞等，应符合相关标准			
评 定 意 见			工程质量等级		
检查项目___项符合质量标准，合格率为___%					
维修单位		项目管理单位			
	年 月 日		年 月 日		

附表 2.3-7　土工膜与周边连接处理工序施工质量验收评定表

工程名称、部位			施工日期	年　月　日—		年　月　日
项次		检验项目	质量要求	检查记录	合格数	合格率/%
主控项目	1	周边封闭沟槽结构、基础条件	封闭沟槽的结构型式、基础条件应符合设计要求			
	2	封闭材料质量	封闭材料质量应满足设计要求，试样合格率应不小于95%，不合格试样不应集中，且不低于设计指标的0.98倍			
一般项目	1	沟槽开挖、结构尺寸	周边封闭沟槽土石方开挖尺寸，封闭材料如黏土、混凝土结构尺寸应满足设计要求。检测点允许偏差±2cm			
评　定　意　见				工程质量等级		
检查项目＿＿项符合质量标准，合格率为＿＿%						
维修单位			年　月　日	项目管理单位		年　月　日

240

附表 2.3-8　上垫层工序施工质量验收评定表

工程名称、部位			施工日期	年　月　日—	年　月　日	
项次		检验项目	质量要求	检查记录	合格数	合格率/%
主控项目	1	铺料厚度	铺料厚度应均匀，不超厚，表面平整，边线整齐；检测点允许偏差应不大于铺料厚度的10%，且不应超厚			
	2	铺料位置	铺填位置应准确，摊铺边线应整齐，边线允许偏差±5cm			
	3	接合部	纵、横向应符合设计要求，岸坡接合处的填料应无分离、架空			
	4	碾压参数	压实机具的型号、规格，碾压遍数、碾压速度、碾压振动频率、振幅和加水量应符合碾压试验确定的参数值			
	5	压实质量	相对密度应不小于设计要求			
一般项目	1	铺填层面外观	铺填力求均衡上升，无团块、无粗粒集中			
	2	层间接合面	上、下层间的接合面应无泥土、杂物等			
	3	压层表面质量	表面应平整，无漏压、欠压和出现弹簧土现象			
	4	断面尺寸	压实后的反滤层、过渡层的断面尺寸偏差值应不大于设计厚度的10%			

评　定　意　见		工程质量等级
检查项目＿＿项符合质量标准，合格率为＿＿％		
维修单位	项目管理单位	
年　月　日	年　月　日	年　月　日

附表 2.3-9　排水沟单元工程施工质量验收评定表

工程名称、部位		施工日期	年　月　日—　　年　月　日
项次	工序名称（或编号）	工序质量验收评定等级	
1	铺设基面处理		
2	花管铺设及保护		
单元工程（或实体质量）效果检查	1		
	2		
	…		

评　定　意　见		工程质量等级
检查项目＿＿项符合质量标准，合格率为＿＿％		
维修单位	项目管理单位	
年　月　日	年　月　日	年　月　日

附表 2.3-10 排水沟铺设基面处理工序施工质量验收评定表

工程名称、部位			施工日期	年 月 日— 年 月 日		
项次		检验项目	质量要求	检查记录	合格数	合格率/%
主控项目	1	铺设基础面平面布置	应符合设计要求			
	2	铺设基础面高程	应符合设计要求			
一般项目	1	铺设基面平整度、压实度	应符合设计要求			
	2	施工记录	应齐全、准确、清晰			
评 定 意 见				工程质量等级		
检查项目___项符合质量标准，合格率为___%						
维修单位		年 月 日	项目管理单位		年 月 日	

附表 2.3-11 排水沟铺设及保护工序施工质量验收评定表

工程名称、部位			施工日期	年 月 日— 年 月 日		
项次		检验项目	质量要求	检查记录	合格数	合格率 /%
主控项目	1	排水管（槽）网材质、规格	应符合设计要求			
	2	排水管（槽）网接头连接	应严密、不漏水			
	3	保护排水管（槽）网的材料材质	耐久性、透水性、防淤堵性能应满足设计要求			
	4	舍（槽）与基岩接触	应严密、不漏水，管（槽）内应干净			
	5	施工记录	应齐全、准确、清晰			
一般项目	1	排水管网的固定	应符合设计要求			
	2	排水系统引出	应符合设计要求			
评定意见				工程质量等级		
检查项目___项符合质量标准，合格率为___%						
维修单位			年 月 日	项目管理单位		年 月 日

附表 2.3-12 集水井工程施工质量验收评定表

工程名称、部位			评定日期		年 月 日
项次	检查项目	质量标准		检验记录	
1	基础开挖及处理	应符合设计要求			
2	砂浆混凝土强度等级、配合比	应符合设计要求			
3	材料质量、规格	石料、水泥、砂等应符合国家标准			
4	墙体砌筑	灰缝应饱满，排紧填实，无架空，不得有通缝、对缝、空洞			
5	砂浆抹面	应符合规范及设计要求			
评定意见				工程质量等级	
检查项目___项符合质量标准，合格率为___%					
维修单位			项目管理单位		
		年 月 日			年 月 日

附表 2.3-13 泵站工程施工质量验收评定表

工程名称、部位		评定日期	年 月 日
项次	检查项目	质量标准	检验记录
1	房基	基础开挖夯实应达到符合设计要求	
2	墙体砌筑	砂浆配比应符合设计要求，错缝砌筑，砂浆饱满	
3	屋顶	盖板质量应达到设计要求，保温防水层应达到设计要求	
4	抹灰装饰工程	配比应符合设计要求	
评定意见			工程质量等级
检查项目___项符合质量标准，合格率为___%			
维修单位		项目管理单位	
	年 月 日		年 月 日

附录 3　应急工程处理措施及质量标准

一、常见问题

尼尔基水利枢纽挡水建筑物采用可能最大洪水（PMF）校核，校核洪水位为 219.90m 高程，坝顶高程为 221.00m，防浪墙顶高程为 222.20m。校核洪水位距坝顶及防浪墙顶仍有 1.10m 和 2.30m 的安全超高，一般不会出现漫坝事故。但发生超标准洪水时，坝体可能发生严重的裂缝、滑坡、管涌以及漏水、大面积散浸、集中渗流、决口、漫流等严重危及大坝安全的险情。险情发生后，应迅速分析，准确判断，拟定抢修方案，统一指挥，并组织抢修。

二、技术处理措施

（一）漏洞抢修

1. 抢修原则

漏洞的抢修应按"前堵后导，临背并举；抢早抢小，一气呵成"的原则进行，即在临水坡采用塞堵、盖堵或者二者兼用的方法堵塞漏洞进水口，截断漏水来源，在背水坡根据具体情况采用反滤盖压或反滤围井方法导渗排水，防止险情扩大。

2. 抢修方法

堵塞漏洞进口，必须首先找到漏洞进水口，常用的探寻进水口的方法有观察水流和探测杆探测以及潜水探测等。堵塞漏洞时，应以快速、就地取材为原则准备抢堵物料；用编织袋装土、树木等作为投堵物料，当投堵物料准备充足后，在统一指挥下快速向洞口投放，以堵塞漏洞，消杀水势。当洞口水势减小后，将准备好的篷布或土工膜沉入水下铺盖洞口，然后在篷布（土工膜）上压土袋，达到止水闭浸。

当背水坝脚附近发生的渗水漏洞小而多，面积大，连成片，渗水涌沙比较严重，反滤压盖法比较适用，可选择土工织物反滤压盖、砂石反滤压盖等方法抢护。

（1）采用土工织物反滤压盖时，应把地基上一切带有尖、棱的石块和杂物清除干净，并加以平整，然后满铺一层土工织物，其上再铺40~50cm厚的砂石透水料，最后满压块石或砂袋一层；土工织物压盖范围至少应超过渗水范围周边1.0m。

（2）采用砂石反滤压盖时，应先清理铺设范围内的杂物和软泥，对涌水涌沙较严重的出口应用块石或砖块抛填，消杀水势，然后普遍盖压一层约20cm厚的粗砂，其上先后再铺各20cm厚的小石和大石各一层，最后压盖一层块石保护层；砂石反滤压盖范围应超过渗水范围周边1.0m。

当漏洞只有一处，或较集中且流量较大，坝坡尚未软化、漏洞出口在坝脚附近时，可用反滤围井法抢护。砌筑围井前应清基引流，将洞口周围杂草清除，用管子将漏水进行临时性引流，以利围井砌筑，围井范围视洞口多少而定，单个洞口围井直径为1~2m，围井高度应能使漏出的水不带泥沙，一般高度为1~1.5m；围井垒砌一定高度后，拔出临时引流管，在井内按反滤要求填砂石反滤料；然后继续将围井垒砌到预定高度，并同时注意观察防守，防止险情扩大和围井漏水倒塌。

在抢险过程中，应分成材料组织、挖土装袋、运输、抢投、安全监视等小组，分头行事，紧张有序地进行抢堵，同时做好渗水引排工作。

（二）管涌和流土抢修

1. 抢修原则

管涌的抢修应按"反滤导渗，控制涌水，留有渗水出路"的原则进行；宜在背水面进行抢修。

2. 抢修方法

应根据管涌险情的具体情况和抢修器材的来源情况确定，常用的方法有反滤压盖、反滤围井和透水压渗台等。

（1）反滤盖压方法抢修。采用反滤盖压方法抢修管涌时，应满足下列要求：

1）适用于背水坝脚附近发生的管涌处数较多、面积较大并连成片、渗水涌沙比较严重的地方。

2）根据当地能及时利用的反滤材料情况，可选择土工织物反滤压盖、砂石反滤压盖、梢料反滤压盖等方法抢护。

（2）反滤围井方法抢修。采用反滤围井抢修管涌和流土时，应满足下列要求：

1）一般适用于背水坡脚附近地面的管涌、流土数目不多，面积不大的情况；或数目虽多，但未连成大面积，可以分片处理的情况；对位于水下的管涌、流土，当水深较浅时，也可采用此法。

2）围井的具体做法应根据导渗材料确定，可采用砂石反滤围井、土工织物反滤围井和梢料反滤围井等。

3）反滤围井填筑前，应将渗水集中引流，并清基除草，以利围井砌筑；围井筑成后应注意观察防守，防止险情变化和围井漏水倒塌。

4）砂石反滤围井的具体做法与漏洞反滤盖压法相同。

5）采用土工织物围井时，应将围井范围内一切带有尖、棱的石块和杂物清除，表面加以平整后，先铺土工织物，然后在其上填筑砂袋或砂砾石料，周围用土袋垒砌做成围井；围井范围以能围住管涌、流土出口和利于土工织物铺设为度，围井高度以能使漏出的水不带泥沙为度。

6）在土工织物和砂石料缺少的地方，可采用梢料围井；梢料围井应按细梢料、粗梢料、块石压顶的顺序铺设；细梢料一般用麦秸、稻草，铺设厚度为 0.2～0.3m；粗梢料宜采用柳枝和秫秸，铺设厚度为 0.3~0.4m；其填筑要求与砂石反滤围井相同。

（3）透水压渗台方法抢修。采用透水压渗台抢修管涌和流土时，应满足下列要求：

1）适用于管涌或流土较多、范围较大、当地反滤料缺乏，但砂土料源比较丰富的地方。

2）透水压渗台填筑前，应清除填筑范围内的杂物，迅速铺透水性大的砂土料；不得使用黏土料直接填压，以免堵塞渗水出路，加剧险情恶化。

3）透水压渗台的厚度，应根据管涌、流土的渗压大小，填筑砂土料的物理力学性质，进行渗压平衡确定。

4）透水压渗台铺填完成后，应继续监视观测，防止险情发生变化。

（三）塌坑抢修

1. 抢修原则

塌坑发生后，应迅速分析产生塌坑的原因，按塌坑的类型确定抢修方案。

塌坑的类型有：塌坑内干燥无水或稍有浸水，属干塌坑；塌坑内有水，属湿塌坑。湿塌坑常伴有渗水、漏洞发生，要特别注意抢修。

2. 常用抢护方法

干塌坑可采用翻填夯实法进行修理；湿塌坑可采用填塞封堵法或导渗回填法等方法进行修理。采用翻填夯实修理干塌坑时，应先将坑内松土杂物翻出，然后用好土回填夯实。

（1）填塞封堵法修理。采用填塞封堵法修理湿塌坑时，应遵照下列原则进行：

1）如果是临水面的湿塌坑，且塌坑不是漏洞的进口，可按填塞封堵法修理；如果塌坑成为漏洞的进口，则按漏洞的抢修方法进行抢修。

2）塌坑口在库水位以上时，可用干土快速向坑内填筑，先填四周，再填中间，待填土露出水面后，再分层用木杠捣实填筑，直至顶面。

3）塌坑口在库水位以下时，可用编织袋或麻袋装土，直接在水下填实塌坑，再抛投黏土帮宽帮厚封堵。

（2）导渗回填修理。采用导渗回填修理塌坑时，应满足下列要求：

1）适用于背水面发生的塌坑。

2）应先将坑内松湿软土清除，再按反滤层要求铺设反滤料导渗。

3）反滤导渗层铺设好后，再用黏土分层回填压实。

4）导出的渗水，应集中安全地引入排水沟或坝体外。

（四）滑坡抢修

1. 抢修原则

对于发展迅速的滑坡，应采取快速、有效的临时措施，按照"上部削坡减载，下部固脚阻滑"的原则及时抢修，阻止滑坡的发展；对于发展缓慢的滑坡，可按坝体滑坡修理部分所述要求进行修理。

2. 抢护方法

发生在迎水面的滑坡，可在滑动体坡脚部位抛砂石料或砂袋压重固脚，在滑动体上部削坡减载，减少滑动力。有条件时应立即停止放水，避免库水位持续下降。发生在背水面的滑坡，可采用压重固脚、滤水土撑、以沟代撑等方法进行抢修。宜降低库水位，但应控制降低速度，避免迎水面发生滑坡。

（1）压重固脚方法抢修。采用压重固脚方法抢修时，应符合下列规定：

1）适用条件：坝身与基础一起滑动的滑坡。

2）坝区周围有足够可取的作为压重体的当地材料。

3）压重体应沿坝脚布置，宽度和高度视滑坡体的大小和所需压重阻滑力而定；堆砌压重体时，应分段清除松土和稀泥，及时堆砌压重体；不得沿坡脚全面同时开挖后，再堆砌压重体。

（2）滤水土撑法抢修。采用滤水土撑法抢修时，应符合下列规定：

1）适用条件：坝区石料缺乏、滑动裂缝达到坝脚的滑坡。

2）土撑布置：应根据滑坡范围大小，沿坝脚布置多个土撑；两端压着裂缝各布置一个土撑，中间土撑视滑坡严重程度布置，间距宜为 5~10m；单个土撑的底宽宜为 3~5m，土撑高度宜为滑动体的 1/2~2/3，土撑顶宽 1~2m，后边坡 1：4~1：6；视阻滑效果可加密加大土撑。

3）土撑结构：铺筑土撑前，应沿底层铺设一层 0.10~0.15m 厚的砂砾石（或碎砖、芦柴）起滤水导渗作用，再在其上铺砌一层土袋，土袋上沿坝坡分层填土压实。

（3）以沟代撑法抢修。采用以沟代撑法抢修时，应符合下列规定：

1）适用条件：坝身局部滑动的滑坡。

2）撑沟布置：应根据滑坡范围布置多条 I 形导渗沟，以导渗沟作为支撑阻滑体，上端伸至滑动体的裂缝部位，下端伸入未滑动的坝坡 1~2m，撑沟的间距视滑坡严重程度而定，宜为 3~5m。

（五）洪水漫坝顶抢护

1. 抢修原则

当可能出现洪水位超过坝顶的情况时，应快速在坝顶部位抢筑子堰，防止洪水漫坝顶；子堰形式应以能就地取材、抢筑容易为原则进行选择。

2. 抢护方法

宜采用土袋子堰抢护坝顶，应遵照下列原则进行：

（1）人员组织。应将抢险人员分成取土、装袋、运输、铺设、闭浸等小组，分头各行其事，做到紧张有序，忙而不乱。

（2）土袋准备。可用编织袋、麻袋或草袋，袋内装土七八成满，不得用绳扎口，以利铺设。

（3）铺设进占。在距上游坝肩 0.5~1.0m 处，将土袋沿坝轴线紧密铺砌，袋口朝向背水面；堰顶高度应超过推算的最高水位 0.5~1.0m；子堰高不足 1.0m 的可只铺单排土袋，较高的子堰应根据高度加宽底层土袋的排数；铺设土袋时，应迅速抢铺完第一层，再铺第二层，上下层土袋应错缝铺砌。

（4）止水闭浸。在铺砌土袋的同时，应进行止水闭浸工作。止水方式可采用在土袋迎水面铺塑料薄膜或在土袋后打土戗；采用塑膜止水时，塑膜层数不少于两层，塑膜之间采用折扣搭接，长度不小于 0.5m，在土袋底层脚前沿坝轴线挖 0.2m 深的槽，将塑膜底边埋入槽内，再在塑膜外铺一排土袋，将塑膜夹于两排土袋之间；采用土戗止水时，应在土袋底层边沿坝轴线挖宽 0.3m、深 0.2m 的接合槽，然后分层铺土夯实，土戗边坡不小于 1∶1。

（5）随着水位的上涨，应始终保证子堰高过洪水位，直至洪水下落到原坝顶以下，大坝脱险为止。

（6）汛后，应重新进行洪水复核，选择经济合理的加固方案，进行彻底处理。

三、质量标准

应急工程处理完成后应将抢修部位恢复，达到原有的功能和作用，或通过有效的措施和手段，阻止、防止对抢修部位产生不利影响和破坏作用，使其达到相对稳定运行，为后续正常维修、改造赢得有效时间。